零基础玩转
iPad 数码水彩

V脸喵 编著

清华大学出版社
北京

内 容 简 介

这是一本教大家用Procreate软件来绘制水彩效果的教程。书中首先讲解了Procreate软件的使用基础，接着讲解如何草图起型、画线稿、上色、选色等绘画基础。最后通过实操案例花卉植物、小物件、饮品、甜品、美食、动物、场景、建筑八大主题的训练，帮助读者逐步进阶。

本书还提供了笔者自制的水彩笔刷、纸纹、色卡供大家在创作时直接使用。软件教程与案例绘制都有视频讲解，适合所有刚接触iPad绘制水彩画的读者阅读。

图书在版编目(CIP)数据

零基础玩转iPad数码水彩 / V脸喵编著. —北京：清华大学出版社，2022.7 (2024.1 重印)
ISBN 978-7-302-60934-6

Ⅰ.①零…　Ⅱ.①V…　Ⅲ.①图像处理软件　Ⅳ.①TP391.413

中国版本图书馆 CIP 数据核字（2022）第 088963 号

责任编辑：韩宜波
封面设计：钱　诚
责任校对：翟维维
责任印制：宋　林

出版发行：清华大学出版社
　　　　　网　　　址：https://www.tup.com.cn, https://www.wqxuetang.com
　　　　　地　　　址：北京清华大学学研大厦 A 座　　　　邮　　　编：100084
　　　　　社 总 机：010-83470000　　　　　　　　　　邮　　　购：010-62786544
　　　　　投稿与读者服务：010-62776969，c-service@tup.tsinghua.edu.cn
　　　　　质 量 反 馈：010-62772015，zhiliang@tup.tsinghua.edu.cn
印 装 者：北京博海升彩色印刷有限公司
经　　销：全国新华书店
开　　本：185mm×210mm　　　印　　张：13.83　　　字　　数：396 千字
版　　次：2022 年 8 月第 1 版　　　印　　次：2024 年 1 月第 4 次印刷
定　　价：88.00 元

产品编号：095025-01

前　言

　　我从10年前开始画素描水粉，现在用iPad来画水彩画。如今iPad成了数码水彩的主流工具，为设计和插画类创作者提供了方便，可以让大家随时随地不受各种画材工具的限制去完成自己的绘画作品。但是，有很多学生或者插画设计爱好者，在iPad水彩方面技能薄弱，甚至还没有入门。

　　书中包含了绘画软件Procreate的使用方法、笔刷、纸纹、色卡的安装、基础绘画技法和绘画知识，以及八个主题的丰富绘画案例。对于想学习iPad绘画软件Procreate的读者，本书可以作为软件入门的工具书。如果你是刚接触iPad水彩的小白，本书可以作为系统的iPad绘制水彩教程。如果你是一个有绘画经验和软件基础的人，本书可以作为iPad水彩绘画风格拓展工具书。

　　希望大家通过学习本书讲述的经验和方法，掌握iPad水彩风格，了解数码水彩，并将相关知识和技法运用到工作中去，随时用iPad水彩绘画记录生活。

　　随书附赠Procreate软件视频教程、iPad水彩基础绘画技法和iPad实用绘画技巧视频教程以及水彩笔刷+纸纹+色卡，扫一扫下面的二维码，推送到自己的邮箱后可下载获取。另外，作者精选了案例的教学视频，读者可扫描该案例中的二维码直接观看学习。

　　本书由V脸喵编写，同时感谢姚义琴等人在稿件编写过程中的支持和帮助。由于笔者水平有限，书中疏漏之处在所难免。感谢您选择本书，同时也希望您把意见和建议反馈给我们。

编　者

目录
contents

第·01·章

初识iPad
数码水彩

用iPad绘画，工具的选择很重要。首先要考虑这款工具适不适合用来绘画，一款合适的工具会使你在后续的学习中更得心应手。

1.1 iPad绘画硬件工具

对于iPad绘画而言，iPad和Apple Pencil是绘制插画主要的硬件工具。对于工具的挑选，市面上的产品也是层出不穷，大家选择自己经济范围内最适合的工具就好。

1.1.1 iPad常用工具

本书案例使用的iPad型号是iPad Pro 2020版128GB 11英寸。该款产品大小适中，携带方便。建议大家购买iPad的时候，选择内存大些的，因为随着绘画作品的积累，设备的存储空间会越来越小。

iPad屏幕表面贴有普通类纸膜，绘画的时候会有纸上绘画的触感，还可减少笔头打滑。但大家选购的时候尽量选阻力小的类纸膜，因为膜的阻力越大，绘画时越容易手酸。贴普通类纸膜会使Apple Pencil的笔头磨损比不贴要快。

宜家iPad支架

木制可调节iPad支架

目前最常用的两款iPad支架，一款是宜家iPad支架，十几元钱一个，便宜实用，适合新手，缺点是支架高度不能调节，画久了脖子容易累；另一款是木质可调节iPad支架，可以调节四个高度，脖子不易累，手也可以支撑，比较省力，很方便。缺点是支架比较大和重，价格过百，只适合在家长时间绘画使用，不适合带出门绘画。

1.1.2 Apple Pencil常用工具

二代Apple Pencil绘画精准度高，压力感应强，可以通过磁力吸附在iPad上充电，在用Procreate软件绘画时，轻点笔身还能切换绘画工具。

长时间握笔绘画，特别是夏天，手会出汗，握笔容易打滑，所以给Apple Pencil搭配了一个硅胶书写笔套，这样会感觉更加舒适。

二代Apple Pencil
+硅胶笔套

Procreate软件虽然打开了"禁用触摸操作"功能，但手有时候还是难免误触，这时候可以考虑用防误触手套戴手上绘画，减少误触。

普通防误触手套

1.2　Procreate软件基础

Procreate是大多数入门者比较青睐的一款软件，它操作简单，自带笔刷，具有抖动修正功能，绘制出来的线条特别流畅，对新手非常友好。本节主要讲解Procreate软件基础知识，使大家在后续绘制案例时更易上手。

本书案例用到的Procreate软件教程版本为5.2.1。

1.2.1　初识首页图库界面

首页图库界面包含"选择""导入""照片""+"（新建画布）4个功能菜单，可以管理与编辑画布。

I. 选择

　　单击"选择"菜单，选择一个或多个画布后，可对画布进行"堆""预览""分享""复制""删除"5个操作。

1）堆

主要用于画布的分类整理，类似文件夹分类。

（1）"堆"的使用方法。选中两个以上的画布，单击"堆"功能，可生成"堆分组"。单击堆分组名称可修改名字，这里我将名字改为"饮品"（注意：要修改堆分组或画布名称，可单击名称进行修改）。

（2）画布移出"堆"的方法。按住堆分组里要移出的画布，拖曳到左上角"堆"名字位置停顿几秒即可回到首页图库，再松手，即可完成画布移出的操作。

2）预览

可快速全屏预览选中的画布。

3）分享

可把选中的画布分享并导出为不同格式的文件进行
备份。

4）复制

可复制选中的单个或多个画布，我常用来复制备
份"水彩纹画布"绘画，保留一份下次直接复制使
用，这样不用重复下载安装纹理素材。

5）删除

可删除选中的画布。画布一旦删除就不可恢复，需谨慎操作。

2. 导入

可把iCloud云盘或iPad里的文件导入Procreate软件，将其打开。

3. 照片

可把iPad相册里的照片直接导入Procreate软件里生成画布，且画布尺寸为照片的大小。

4. +（新建画布）

1）新建画布

单击+图标，会出现系统默认的画布尺寸或者之前自定义过的画布尺寸。左滑一个画布尺寸，可"编辑"重设、修改画布参数，或"删除"画布尺寸。

2）自定义画布

单击右上角的图标，可直接新建一个画布并设置画布参数。

3）尺寸

（1）在"自定义画布"的下方有"像素""英寸""厘米""毫米"四个长度单位可

供选择。注意，"像素"长度单位很小，建议新手选择画布单位为"厘米"或"毫米"。

（2）DPI。为画布的分辨率，数值越高，画布输出的图片清晰度就越好，常用的300DPI画稿已足够清晰。

（3）最大图层数。即新建画布最多能建多少可用绘画图层。注意，图层数量与画布尺寸和DPI的大小有很大关系，两个数值越大，图层数量就越少。这与iPad的性能、型号有关。

（4）单击"未命名画布"可修改新建画布的名称。

4）颜色配置文件

有RGB与CMYK两种颜色模式。RGB是显示器的颜色模式，主要用于屏幕显示。CMYK是印刷的颜色模式，若想把绘制的图案印刷成实物，需将画布颜色模式设置为CMYK。平时绘画练习用默认的颜色模式即可，不用调整。

5）缩时视频设置

设置画布在绘画录制时"缩时视频"的清晰度。参数调得越大，录制的绘画视频导出越清晰，但占用的内存也会越大。

6）创建

所有参数调整好后，单击右上角的"创建"图标，即可成功创建自定义画布，显示绘画界面。

1.2.2　绘画界面

Procreate的绘画界面由高级功能、绘图工具和侧栏组成。左上方的高级功能有"图库""操作""调整""选取""变换变形"5个工具，主要用于调整画布的效果与参数。右上方的绘图工具有"绘图""涂抹""擦除""图层""颜色"5个工具，主要用于绘画时的上色。左边的侧栏有"笔刷尺寸""修改按钮""画笔不透明度""撤销/重做箭头"按钮4个工具，主要用于调节笔刷和撤销绘画步骤。

1. 图库

单击"图库"即可返回首页图库界面。

2. 操作

1)添加

（1）插入照片。可从iPad照片、相册导入照片到画布。

（2）插入私人照片。左滑"插入照片"，会出现该功能。用这种方式导入照片到画布，在录制缩时视频时将不会看到该图片。

（3）添加文本。可以给画布添加文字，还可调整文字字体、大小和对文本进行排版操作。

2）画布

（1）裁剪并调整大小。常用于裁剪画布尺寸与修改分辨率。

（2）绘图指引。常用"2D网格"功能辅助绘画草图，让打型更准，极力推荐使用。单击"编辑绘图指引"可调整网格参数。

（3）参考。可把iPad的图片素材导入画布形成小浮窗，悬浮于画布上方，还可进行变换调整大小和移动，非常方便查看参考素材，绘画时经常使用。

3）分享

可把画布分享导并出为不同格式的图像，通常导出JPEG图片保存到相册，或导出Procreate格式备份画布作品。

4）视频

可录制、导出、清理、回放缩时视频。想要录制的绘画视频清晰，新建画布时视频质量参数就要调大一些。

5）偏好设置

新手一定要了解的设置功能，合理的设置可让后续绘画操作更舒适便捷。

（1）浅色界面。Procreate默认的是黑色界面，打开后为浅灰色界面，用户根据自己的喜好设置即可。

（2）右侧界面。打开后，左侧的侧栏位置会移到右边，方便单手绘画。

（3）画笔光标。打开后，绘画时可看到笔刷的形状和大小，关掉则看不到。

（4）手势控制—常规—禁用触摸操作。打开后，手触摸屏幕不会误触绘画，仅Apple Pencil可在屏幕绘画，有效地防止了手误触，新手一定要打开。

（5）手势控制—常规—捏合缩放旋转。打开后，两个手指可随意捏合缩放旋转画布，关闭后，仅能放大或缩小画布，不可旋转。

（6）手势控制—速创形状—绘制并按住。打开后可轻松地绘制直线、弧线、正圆。

①绘制直线

随意画一条线不松笔停顿就能变成直线，不松笔还可拖动直线旋转一定的角度，松笔后，单击"编辑形状"可变换直线两头的角度。画圆弧线也是同样的方法。

②绘制圆

随意画一个闭合的圆，不松笔停顿，可变成椭圆，如果同时用一个手指轻点屏幕，即可变成正圆，单击"编辑形状"可编辑圆的形状。

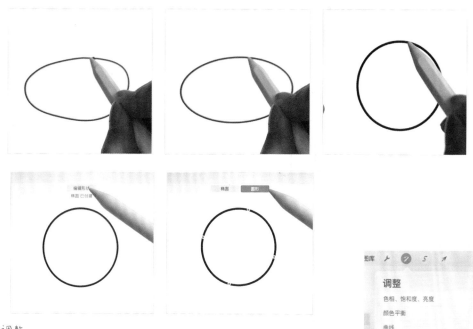

3. 调整

可对图像进行不同效果的调整，有"图层"和Pencil两种调整模式。选中"图层"是对整个图层进行调整，选中Pencil可用Apple Pencil选择不同笔刷调整局部。下面主要介绍两个绘画常用的调整功能。

1）色相、饱和度、亮度

单击"调整"功能，可调整图层的色相、饱和度、亮度，单击正上方的"色相、饱和度、亮度"按钮，就会出现"图层"与

Pencil两个选项。

2）液化

　　类似修图工具里的瘦脸瘦身功能。对绘画作品造型不满意时，可用"液化"的"推"功能调整造型，可以选中单个图层、多个图层或图层组进行调整（注意：选中的图层不可隐藏、锁定）。两指轻点屏幕，即可撤销上一个步骤。

4. 选取

常用"选取"功能里的"手绘"模式来选取不规则的区域进行填充、平涂颜色。若选错位置，可两指轻点屏幕撤销上一个步骤。

1）存储并加载

可保存选取区域，供重复填色使用，也可直接把右上角的颜色拖曳填充到选取区域后松手，即可填色。

2）拷贝并粘贴

可复制选取区域。

5. 变换变形

可对图像进行缩放、变形、裁剪、翻转、旋转操作，常用的有"自由变换""等比"两个功能。

1）自由变换

对图像自由缩放变换大小，这样容易使图片变形，常用来把正圆变为椭圆。

2）等比

对图像等比例缩放变换大小，且图片长宽比例不变。

3）重置

若对变换形状不满意，则可单击右下角的"重置"按钮恢复原始形状。

6. 绘图（笔刷）

1）画笔库

单击"绘图"图标，可看到软件自带或安装的全部笔刷组。

2）最近

"最近"笔刷组里出现的笔刷，都是最近时间使用过的，很方便调用。

3）新建笔刷组

下拉笔刷组界面，出现蓝色+图标，单击+可新建笔刷组。

4）重命名/删除/分享/复制笔刷组

单击笔刷组名称即可进行重命名、删除、分享、复制操作。

5）分享/复制/删除笔刷

左滑笔刷即可进行分享/复制/删除笔刷的操作。

6）移动笔刷

单击选中一个笔刷，或右滑选中多个笔刷，拖曳到需移动的笔刷组上方停顿，待笔刷组展开后松手即可移动成功。

7）调整笔刷参数

单击选中笔刷，会出现"画笔工作室"，从中可修改笔刷参数。

8）新建笔刷

单击笔刷组右上角+图标，出现"画笔工作室"后即可设置新建笔刷参数。

7. 涂抹

常用来涂抹过渡色块边缘，让边缘柔和自然。单击"涂抹"工具选择"涂抹过渡笔刷"过渡。

8. 擦除

擦除也就是我们常用的橡皮擦工具，单击"擦除"可选择不同笔刷来用。

9. 图层

默认"图层1"与"背景颜色"两个图层。单击"背景颜色"
可修改背景的颜色。

1）+（新建图层）

单击右上角+图标即可新建图层。

2）锁定/复制/删除图层

左滑图层即可进行锁定/复制/删除图层的操作。注意锁定图层
后，需解锁才可继续在该图层绘画。

3）多选图层

右滑多个图层显示为蓝色，即为多选。可对多选图层进行"删除""组""变换变形"
操体，还可把选中的图层上下拖曳，改变图层顺序。

4）合并图层

方式1：两指捏合需要合并的图层即可。

方式2：右滑多选图层，单击"组"，单击图层组，单击"平展"即可把组图层合并为一个图层。

5）N/图层不透明度、图层模式

单击图层的"N"字母，可调节图层不透明度以及图层模式。常用"正片叠底"模式来加深颜色，用"添加"模式来加光效果。

6）隐藏/显示图层

单击☑即可隐藏或显示图层。

7）图层功能菜单

单击图层会显示12个图层功能菜单。常用的有重命名、填充图层、清除、阿尔法锁定、蒙版、剪辑蒙版。

（1）重命名

修改图层名称。

（2）填充图层

一键填充图层颜色，也可填充选取区域颜色。

（3）清除

一键清除图层全部内容，也可清除选取区域颜色。

（4）阿尔法锁定

锁定该图层颜色区域，且仅能在锁定颜色区域上色。

（5）蒙版

给绘画图层添加白色蒙版，在白色蒙版图层，用笔刷选择黑白两色，可擦除或还原图层颜色，而并不破坏原绘画图层颜色，方便修改。

（6）剪辑蒙版

把图层剪辑蒙版到下方图层，绘画时，颜色则不会涂出下方图层的显示区域。

10. 颜色

颜色菜单有色盘、经典、色彩调和、值、调色板5个功能面板，用来调色、设置颜色值和制作色卡，经常使用的有经典和调色板两个。

1）经典

这是最常用的颜色面板，有选色板、色彩历史、默认色卡3个功能供选色使用（注意有的iPad没有色彩历史功能）。

2）调色板

软件自带/导入的色卡都在这里，可对色卡进行管理和制作。包含"紧凑""大调色板"两种显示模式，常用的是"紧凑"模式。

（1）色卡设置为默认、分享、复制、删除。单击色卡右上角的 … 按钮即可进行相关操作。

（2）色卡改名。单击色卡名称，即可修改名字。

（3）色卡移动。按住色卡向空白位置拖动，即可移动色卡的顺序。

（4）创建新色卡。单击调色板右上角的+按钮可选择不同的创建方式，常用"创建新调色板"新建空白色卡；从"照片"新建方式把iPad里的照片直接生成色卡使用。还可分屏，把其他照片拖曳到调色板，直接生成色卡。

不同的创建方式　　　　　　创建新调色板　　　　　　从"照片"新建

可分屏软件，
拖动生成色卡

（5）制作色卡。单击色卡中的空白格子，即可整理选中的颜色，长按选中的颜色可将其拖曳移动位置；长按选中的颜色，单击"删除样品"即可删除颜色。

色卡添加颜色　　　　　　　　色卡删除颜色

（6）吸取颜色。用手指长按屏幕中想吸取的颜色位置，出现色环即可吸取，这样可以选择自己喜欢的颜色来制作色卡。

Ⅱ. 笔刷尺寸、修改按钮、画笔不透明度

1）笔刷尺寸

在上方的滑动键中，上下拖动"滑动键"可调节笔刷大小。单击"滑动键"，再单击右边的+/-图标，可添加/删减4个常用笔刷的数值。

2）画笔不透明度

在下方的滑动条中，上下拖动滑块可调节画笔不透明度，越往下不透明度越低，笔刷显色越浅。也可单击滑块，再单击右边的+/-图标，添加/删减4个常用笔刷不透明度的数值。

3）修改按钮

这个功能很少使用，把修改按钮从屏幕边缘往画布中央拖曳，再上下移动，可以调整侧栏位置。

12. 撤销/重做箭头

1）撤销/重做箭头

单击箭头，可撤销或重做绘画步骤。

2）撤销/重做手势

双指轻点屏幕可撤销绘画步骤，三指轻点屏幕可重做绘画步骤，注意"手势控制—常规—禁用撤销并重做"必须关掉才可使用该手势。

1.3 Procreate水彩笔刷、纸纹画布、色卡的安装

本节主要介绍两种Procreate水彩笔刷、纸纹画布和色卡的安装方式，一种是常用的网盘安装，另一种是压缩包文件安装。笔刷、纸纹画布、色卡的文件格式都不一样，笔刷文件的格式后缀为".brushset"，纸纹画布文件的格式后缀为".procreate"，色卡文件的格式后缀为".swatches"。

1.3.1 用网盘安装的方式

步骤01 首先在iPad中需要下载并安装"百度网盘"App，找到存储在网盘上的笔刷资料位置，可以把网盘软件分屏到右侧，更方便看到安装结果。以水彩纸纹画布的安装方式为例，在网盘上找到名为"V脸喵的水彩纸纹画布.procreate"文件，直接单击加载或下载。

步骤02 加载/下载完成后，单击下方的"用其他应用打开"按钮，选择Procreate软件打开。

步骤03 待导入完成后，在Procreate首页画布界面，可以看到名为"V脸喵的水彩纸纹画布"安装成功。

步骤04 水彩笔刷和色卡的安装方式与纸纹画布的操作一样，在网盘上找到文件后单击下载，再用Procreate软件打开即可安装成功。笔刷安装成功后，可在绘画界面的右上角的绘图图标里看到新安装的笔刷，在颜色图标的调色板最下方看到新安装的色卡。

1.3.2 压缩包文件安装的方式

步骤01 首先需要把水彩笔刷、纸纹画布、色卡的压缩包文件存储到iPad里。

V脸喵书的笔刷纸
纹色卡.zip

步骤02 找到储存在iPad里的压缩包文件，单击压缩包进行解压，解压成功后，会出现"V脸喵书的笔刷纸纹色卡"文件夹。

步骤03 打开文件夹就能看到所有的资料，再单击笔刷/纸纹/色卡，即可直接导入Procreate软件安装（注意压缩包文件必须单击解压后，找到笔刷/纸纹/色卡才能逐一安装）。

正在导入

1.4　水彩笔刷、纸纹画布、色卡的简介

用iPad绘制钢笔淡彩水彩风格作品，选用合适的水彩笔刷、纸纹来绘制可以很好地模拟纸上水彩效果，而使用的色卡可以很好地辅助选色。在此给大家带来了15款水彩笔刷、1款纸纹画布、1款综合色卡和5款辅助色卡。熟悉水彩笔刷、纸纹、色卡的特点和用途，对于后续绘画效果至关重要。

1.4.1　水彩笔刷

一共15款水彩笔刷，分别作为草图、线稿、上色、涂抹、擦除、质感6种用途。

1. 草图笔刷

【铅笔】很好地模拟了铅笔的质感，适合前期草图的绘制。

2. 线稿笔刷

【钢笔】是绘制线稿的唯一笔刷，能模拟墨水聚集加深的颜色效果。只需画一条线到结尾处时，回勾叠加1～2笔即可加深线稿颜色，还能根据用笔的压力轻重呈现粗细变化。

3. 上色笔刷

（1）【白墨】主要用于后期给画面添加高光，或者平涂实色底。

（2）【干水彩】自带明显水彩的质感，适合平涂上色。

（3）【浓湿边】边缘有明显的水彩湿边效果，适合平涂上色。

（4）【软湿边】边缘有比较柔和的和毛边的湿边效果，适合平涂以及细节质感的刻画。

（5）【颗粒水彩】有颗粒沉淀的水彩质感，适合平铺底色。

（6）【压力水彩】可根据用笔的轻重，控制颜色深浅，有一点儿湿边效果。适合刻画细节纹理，比如叶子和花瓣的脉络，也可作为画光影笔刷。

（7）【湿海绵】常用来晕染混色，丰富画面色调。偶尔作为柔边的擦除笔刷。

4. 涂抹笔刷

【涂抹过渡】搭配"涂抹工具"，用来过渡柔和颜色重叠加深位置以及色块边缘。

5. 擦除笔刷

【硬边缘】实色的硬边缘笔刷，常用来当作橡皮笔刷，擦除涂到线稿外的颜色。

6. 质感笔刷

（1）【水痕】有超自然的水痕晕染效果，适合绘制丰富背景质感。

（2）【大墨点】墨点较大，适合用来做点染效果。

（3）【小墨点】墨点较小，适合用来做水彩喷洒墨点的效果，可增加质感以及涂白色墨点。

（4）【点点】小而密集的圆点，常用来给甜品或饮品做涂糖粉/抹茶粉的效果。

1.4.2 水彩纸纹

　　合适的水彩纸纹可提升画作的纹理质感，更好地模拟在纸上绘制的水彩效果。本书用到的水彩纸纹为Procreate画布，画布规格为A4，分辨率为300DPI。若iPad的图层数较少，可裁剪小些的画布，图层数就会变多。需要用时，把安装好的纸纹画布复制一份，保留一份下次使用，这样可以免去重复安装的麻烦。

　　上图为纸纹效果有无对比，可以明显看到右边叠加纸纹效果后水彩质感明显提升，颜色也更饱和、美观。

1.4.3 水彩色卡

　　本书色卡包含1款常用综合色卡和5款辅助色卡。

　　【综合色卡】这一款适合在绘画中使用，都是常用的基础颜色。左上角第一排第一个棕色为画线稿专属色。左下角第三排前三个灰色为常用画投影专属色。

【辅助色卡】这5款色卡可以辅助选色困难的新手在绘画时直接选取使用，以节省选色时间。

第02章

iPad数码水彩
手绘基础

了解用iPad绘制水彩风格的基础技法，练习好基础技法，使后续绘制案例更容易上手。

2.1　草图绘制技巧

绘制草图可以快速地把物体的造型轮廓概括出来，而且草图的效果关系着整体造型是否准确，所以草图打型准确很重要。

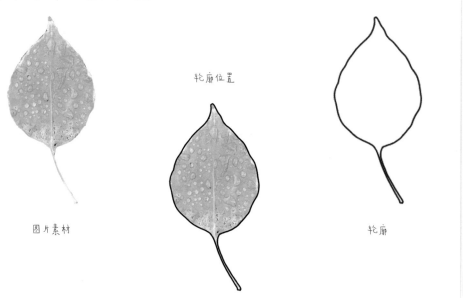

轮廓位置

图片素材

轮廓

轮廓位置也是绘制草图需要准确把握的地方，草图造型越接近轮廓，绘制出来的造型也就越精准。

新手很容易在看到图后直接上手，结果绘制出来的图形不尽如人意。其实在绘制草图前，需要先观察物体的造型特点，想好如何构图，有了思路再绘制，方向才清晰。绘制的时候，可以先用几何图形/网格工具辅助绘制物体大轮廓，接着再用弧线刻画细节，这样方便调整整体造型。如果一开始就去刻画细节，那么很容易陷在细节里，而忽略了整体造型。

用几何图形辅助打型的步骤如下。

打基础。

步骤01 新手练习时，可以把图片素材导入画布，观察它的宽、高位置并在照片上标注出来，用直线连结各个点，并观察直线之间的倾斜角度，物体的几何大轮廓就概括出来了。练熟后就可以省略这一步。

步骤02 再单独临摹物体的几何大轮廓。仔细观察物体宽、高位置和直线倾斜的角度。用"铅笔笔刷"绘制出来，临摹得越准，后续打型也越准。这样可以很好地锻炼观察和概括能力，为以后更准打型

步骤03 大轮廓画好以后，进一步观察大轮廓与物体形状（凹陷/凸出）的距离，用弧线一点儿一点儿调整外轮廓，最后再刻画轮廓里的细节。

下面用几何图形绘制一个更复杂的叶子造型。

元宝枫叶的草图绘制方法也是一样的，叶子有5个尖角，左右叶子大小较均等，以中间尖角为叶子中心，把左右分为两半来绘制。以每个叶子角定位大轮廓宽、高，用直线把每个点连接起来，并观察直线之间的倾斜角度，再用弧线刻画轮廓里的细节。

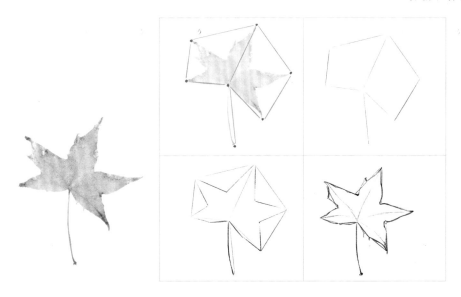

2.1.2　用网格功能辅助打型

用网格功能辅助打型的步骤如下。

步骤01　把素材图形导入画布，打开画布里的"绘图指引"，通过"编辑绘图指引"把网格尺寸调大一点儿，观察素材的宽、高位置在网格的哪个位置。

步骤02 根据长、宽、高占据了多少网格位置，用点定位出来，接着观察叶子轮廓占据了哪个格子什么位置，用直线简单地勾勒出大轮廓线。

步骤03 用弧线细致刻画造型细节，多余的线可以擦掉。

2.2 线稿绘制技巧

本书绘制的水彩风格是钢笔淡彩类，以钢笔画的线条强调造型轮廓，再用水彩平涂上色。所以，线稿的刻画是重点，那么绘制的时候，丰富多样的线条能让线稿整体富有层次感和节奏感，而单一的线条则会显得生硬、沉闷。

2.2.1 线条的力度

在用Procreate画线稿时，是用Apple Pencil结合"钢笔笔刷"来模拟钢笔画的线条质感，根据用笔压力的轻重，线条也会有粗细变化。用笔的压力大则线条粗，用笔的压力小则线条细。若力度均匀，则线条粗细均匀，无明显变化。新手需要多练习用笔的力度，才能更好地掌握线稿粗细变化。

2.2.2　线条的颜色

在纸上绘制钢笔淡彩线稿时，用钢笔画一条线停顿在纸上后，纸吸收了更多的墨水，聚集的地方颜色会加深。但用Procreate绘制一条线停顿后却没办法加深颜色，这时需借助"钢笔笔刷"笔触颜色重叠会加深的属性来模拟加深效果。颜色重叠次数与加深的效果有关系。

技巧　线稿颜色绘制常用3种形式

第1种：浅深，只加深线条结尾。画一条线到结尾处时回勾叠加1~2笔颜色加深结尾。

第2种：深浅，只加深线稿开头。开头只画一点儿线，回勾叠加1~2笔颜色加深开头，再接着画完整线。

第3种：深浅深，只加深开头和结尾，中间正常颜色。开头一点儿线条回勾叠加1~2笔颜色加深开头，中间线条正常画完后在结尾处再叠加1~2笔颜色加深结尾。

颜色运用 { 浅深
深浅
深浅深

2.2.3 线条的层次

　　在绘制物体时，想要线稿有层次感，那么线条就要有虚实变化。线条不像颜色能有明显深浅变化，但可以用线条的疏密来表现，密就是线条很实无虚线，疏就是虚线和点点串联。比如，看明显轮廓的地方画实线，看不明显轮廓的地方线条则画虚线和点，这样可以营造实虚。

　　以叶子线稿的绘制为例，叶子的外轮廓我们可以看得很清楚，这时线条可以画实，但叶子的脉络却不是很清楚，这时可以逐渐由线条变为虚线和点点淡化轮廓。

层次变化 { 实 → 虚　　　实际运用

2.2.4 线条的质感

　　每个物体的质感都是不一样的，有的光滑，有的粗糙。用线条来表达质感时可以用流畅度来体现。流畅的线条看起来顺滑，适合表现质感光滑的物体。而不流畅的线条看起来凹凸不平和粗糙，更适合表现粗糙质感的物体。

质感变化 { 流畅
不流畅

以水煮虾和炸虾的线稿绘制为例，水煮过的虾表面光滑，而油炸过的虾表面粗糙。绘制的线稿质感也是有明显区别的。

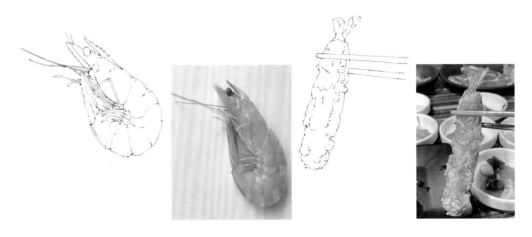

2.2.5 绿植线稿绘制基础

绿植是绘制小场景以及建筑时经常画的元素，新手刚接触时很容易无头绪、慌乱。但是，只要把整体元素拆解为一个个的线条"小零件"，熟练后，再把小零件重组构成整体线条，就容易多了，如图所示。

绿植线稿
基本组合元素 ——→ 简单
组合

草地

树叶绿植

大片绿植

比如绿植的构成元素可以想象为C、3、蝴蝶翅膀、蜻蜓翅膀、叶子、凹凸字、小短线、刺、点点等，灵活运用它们组合在一起来绘制绿植。新手可以多练习几组组合在一起的方式，下图是一些案例的运用。

不同的草   叶子

简单绿植盆栽   一大片树叶

2.3 上色绘制技巧

在iPad上绘制水彩风格也会用到纸上水彩的技法，但表现手法有所不同。iPad水彩风格上色更加注重灵活运用不同笔刷的质感，搭配"涂抹工具"上色来模拟纸上水彩的上色质感。

"笔刷"就像蘸了不同水彩颜料的笔，而"涂抹工具"搭配"涂抹过渡笔刷"就像干净的笔蘸了清水，用来过渡柔和水彩颜色边缘。

2.3.1 平涂上色

常用"干水彩""浓湿边""软湿边""颗粒水彩"四款笔刷平涂上色，每款笔刷平涂出来的质感都不一样，新手绘制之前一定要熟悉每款笔刷的特点。在平涂底色时，色块尽量不要重叠，以免出现叠色加深情况。如果色块重叠加深了，那么可用"涂抹工具"过渡均匀。

干水彩　　　　　　浓湿边　　　　　　颗粒水彩　　　　　　软湿边

2.3.2　过渡颜色

　　用"涂抹工具"选"涂抹过渡笔刷"，可以用来过渡柔和色块边缘，营造深浅渐变效果。如果想在过渡的同时保留笔触质感，那么就不能全部涂抹均匀，而要保留部分色块边缘。过多地涂抹均匀会导致色块缺乏质感，而变得模糊。

颜色渐变　　　　　无过渡　　　　过渡保留部分边缘　　　全部过渡

2.3.3　接色

　　用笔刷绘制挨在一起的不同颜色色块时，可用"涂抹工具"选"涂抹过渡笔刷"过渡色块之间，让颜色自然衔接在一起。对"涂抹过渡"的技巧有一定的要求，新手刚接触会有些许难度。

平涂色块　　　　　　过渡色块　　　　　　过渡自然接色

2.3.4 混色

平涂色块后，用"湿海绵笔刷"选不同的颜色来晕染色块，营造混色效果。这种混色方式简单自然，很适合新手。

平涂色块 　　　"湿海绵笔刷"混入其他颜色

2.3.5 叠色加深

叠色加深的方式有两种，一种是调整图层模式加深颜色，另一种是调整笔刷参数加深颜色。

（1）调整图层模式加深。平涂底色后，新建"正片叠底模式"图层上色加深。优点是方便后续修改和删除，不影响底色。

（2）调整笔刷参数加深。单击选中的上色笔刷，在"画笔工作室"中把"渲染"里的"混合模式"改为"正片叠底"，这样笔刷上色重叠的位置就会有明显的叠色加深效果，缺点是颜色效果都合并在一个图层，不方便后续修改和删除，不推荐新手使用。

2.3.6　点染

点染主要使用"大墨点笔刷"来点染颜色。正常的点染直接用笔刷选色即可，如果想让点染的颜色有加深效果，需新建"正片叠底模式"图层来点染。

正常点染　　　　　　　　　　　　加深点染

2.3.7　留白

手动留白需一笔平涂颜色不松手，手动把高光或空白的位置留出来，有一定的操作难度，但笔触边缘质感有保留。新手可以用"擦除工具"把留白擦出来，或者用"白墨笔刷"选白色，平涂出高光或空白位置。

手动留白　　　　　　　擦除留白　　　　　　　平涂留白

2.3.8　喷溅

常用"小墨点笔刷"来营造喷溅墨点的效果，增加画面和物体的质感。

2.3.9 笔触

笔触主要有色块和线两种形式。大小不同的平涂色块以及重叠色块适合营造凹凸不平的粗糙质感。长短、粗细不一的线条色块适合营造小草和毛绒质感。

平涂色块   重叠色块

线条色块

2.4 基础透视技巧

透视在绘画当中是很重要的基础知识，掌握好透视在画面中可以更好地表现物体空间感和体积感。接下来会带大家简单了解透视的一些基础。

2.4.1 透视的基础规律

1. 近大（宽）远小（窄）

可以看到桌面上三只小鸟摆件的大小都是一样的。

但把后面两只小鸟摆放得离第一只越来越远后，看着也就越来越小了，这就是常见的近大远小原理。

前面说到离得近的会比远的大，那么近的变大了，宽度肯定也会比远的更宽。以这个长方体为例，可以看到长方体的宽是一致的，因为透视原因，长方体近处面边缘比远处的更宽，而越远则变得越窄了。

2. 近实远虚

以这张风景照片为例，在视线近处的建筑风景能看清楚窗户轮廓细节和墙面质感，到了远处看到的窗户只有大概轮廓了，这就是透视的近实远虚原理。那么，在绘画当中，离得近的物体轮廓细节应清晰刻画，离得远的则弱化细节轮廓，这样可以更突出层次递进和空间延伸感。

2.4.2 透视的类型

本节主要介绍一点透视、两点透视、三点透视的特点。

1. 一点透视

物体透视延伸汇聚最终消失的点为"消失点"。以这张马路图片为例，人是站在马路中间向前方看的，可以看到离马路距离越来越远，马路两边也越来越聚拢在一起，而最终汇聚一起消失的地方就是"消失点"。

一点透视也叫平行透视，只有一个"消失点"。可以看到立方体正面这一面没有透视的变化，而其他的边都有透视变化。这与前面说的近大（宽）远小（窄），近实远虚规律都有关系。

立方体的平行透视

2. 两点透视

两点透视有两个"消失点"，也叫成角透视。可以看到立方体是成角的面，仅垂直线无透视变化，空间感和体积感会比一点透视明显。

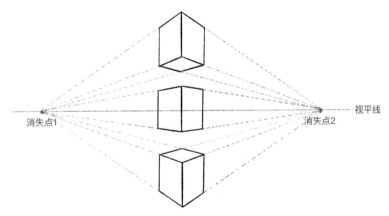

3. 三点透视

三点透视有三个"消失点"，也是倾斜透视。但是只有两个点在视平线上，而第三个点不在视平线上，可以看到立方体的每个面和线都有透视变化。这种透视常用于绘制高层建筑、俯瞰图和仰视图，比一点透视和两点透视的空间感、立体感和视觉冲击力更强，难度也更大，但是不常用。

其实在Procreate里就有辅助画透视的功能"透视指引"，单击"操作"，打开"画布"里的"绘图指引"，单击"编辑绘图指引"就能看到"透视指引"功能。

选择"透视"工具后，"轻点"界面任意一处即可创建"消失点（透视点）"的位置，最多可创建 3 个"消失点"，也就是"一点透视""两点透视"和"三点透视"可以辅助绘制，创建成功后就能看到透视辅助线了，上方颜色条能变换线的颜色。单击创建的"消失点"可以"删除"或"选择"移动。打开右下角的"辅助绘图"开关，还能辅助矫正绘制的透视线条。

这里又试了常用的一点透视和两点透视，感觉很棒。读者也可以打开这个功能进行练习，加深对透视的了解。

2.5 立体感绘制技巧

立体感的营造是新手经常遇到的问题，如果营造不好，就会导致画出来的物体看起来没有立体感。如何营造好立体感是这一节的重点。

物体在光照下都会有明暗变化，也正是因为有了明暗变化，物体看起来才立体。在绘画中常用"三大面"和"五大调"来表达明暗关系，找出物体表达的明暗关系后再进行绘制，可以更好地营造立体感。

I. 三大面

"三大面"分为亮面（受光面）、灰面（侧光面）和暗面（背光面），也是物体最明显的明暗关系，常用"黑白灰"来概括每个面的深浅变化。下面以正方体为例，可以看到颜色由"亮面"的浅色到"暗面"颜色加深，而"灰面"则是过渡亮和暗之前的中间色。

扁平　　　　　　　　　　　立体

2. 五大调

　　"五大调"分为高光（亮面）、灰面（中间色）、明暗交界线、反光和投影，比"三大面"更加细化了明暗关系。注意，"明暗交界线"是灰部和暗部的交界对比的部分，而不是指一条线，会根据光源方向和物体形状而变化。

　　把"黑白灰"的深浅颜色运用到彩色案例绘制中，就是以颜色的深浅变化来营造立体感。以多肉案例为例，不论是黑白灰效果还是彩色效果，多肉都从无立体感逐渐变得立体，而颜色也由浅到深逐渐丰富，再加上高光点缀，立体感就更饱满了。

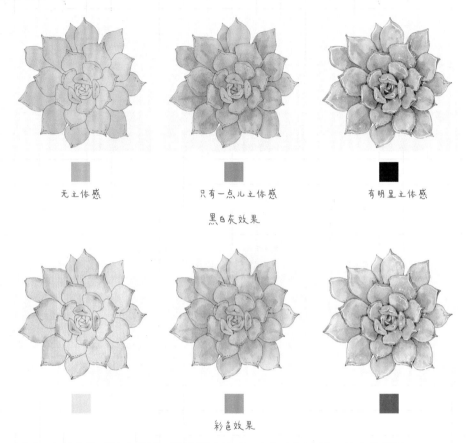

无立体感 　　　　　　只有一点儿立体感 　　　　　　有明显立体感

黑白灰效果

彩色效果

新手上色的立体感诀窍总结：找准明暗关系，上色有深有浅，且变化明显。

第03章

iPad数码水彩
色彩基础

在iPad上绘制水彩风格，虽然少了纸上水彩调色控水的步骤，但新手在刚接触的时候，还是容易发生用色过灰、饱和度太高而荧光、用色单一的情况。

接下来会教大家灵活地运用Procreate的选色功能，以及简单实用的选色技巧，更好地辅助上色。

3.1 色彩的模式

数码绘画有RGB和CMYK两种颜色模式。在创建Procreate"自定义画布"的"颜色配置文件"里可选择设置，不同的颜色模式用途也不同。

自定义画布　　　　　　　　　　　　未命名画布　　导入　取消　创建

⌞⌝ 尺寸

📄 颜色配置文件

🎥 缩时视频设置

📑 画布属性

RGB　　　　　CMYK

Display P3

sRGB IEC61966-2.1

sRGB v4 ICC Appearance

sRGB v4 ICC Preference

sRGB v4 ICC Preference Display Class

sRGB2014

1. RGB颜色模式

RGB是显示器（数位屏）显示的颜色模式，如果用iPad画的作品不印刷，只在网络上发布观看，使用RGB颜色模式即可。

2. CMYK颜色模式

　　CMYK是印刷类作品的颜色模式，如果要将iPad画的作品印刷成实际产品，那么画布的颜色配置最好设置为CMYK颜色模式，这样印刷出的颜色效果才能更接近原始文件的效果，从而减少色差（若印刷的数量较多，最好能去印刷工厂看实际打样效果，方便沟通调色）。

　　注意，在Procreate已创建的画布中，RGB和CMYK两种颜色模式之间不可转换。仅能更换画布已选择创建颜色模式下的配置文件。

3.2 选色功能详解

用Procreate软件上色，一定要仔细了解它的选色功能，才能利用好工具辅助上色。在"颜色"面板中，经常用的是"经典"选色器模式，接下来会详细地介绍它的功能。

1. 当前颜色

当前颜色就是当前选中的颜色。

2. 主要颜色

可以看到右上角有两个颜色格子，左边的为主要颜色。

3. 次要颜色

右上角右边的格子为次要颜色，在调整笔刷的"颜色动态"属性时就会用到，可以制作渐变笔刷。

4. 经典色彩选择器

经典色彩选择器是一个方形的颜色选择区域，在这里面，移动"分划圈"就可以调节颜色的饱和度和亮度。

5. 色相、饱和度、亮度功能滑键

　　色相、饱和度、亮度也就是HSB：H（色相）、S（饱和度）、B（亮度）。左右拖动三个颜色条上的圆形滑块，即可调节所选的颜色。

6. 色彩历史

　　显示当前画布最近使用的10种颜色，新增的颜色会将之前的旧颜色逐渐替换掉，是很方便的选色工具。注意有的iPad没有该功能。

7. 默认色卡

　　只要"设置为默认"的色卡都会在这里看到，如果有更换这里也会随之更换。

8. 颜色浮窗

　　可拖曳颜色面板上方的灰色小长条按钮到画布的任何地方，它会缩小为一个可移动位置的小颜色浮窗，不用再单击"颜色"就能选色，也更节省时间。单击小窗口右上角的"关闭"按钮，即可关掉小颜色浮窗并恢复到原始状态。

3.3　色彩的调配

　　色彩的调配又称色彩调和，指在绘画艺术中，将共同或相近似的色素通过配置形成和谐统一的效果。本节主要介绍颜色区域的选色技巧，色相、饱和度、亮度以及色彩的温度等知识。

3.3.1　颜色区域的选色技巧

　　在经典色彩选择器的颜色区域中，选色越往上"亮度"越高，越往右"饱和度"越高。这里将颜色区域划分为了11个块面，下面详细讲解不同位置的选色特点。

　　0：往上适合选特别淡的颜色，往下适合选不同色调的灰色用来画投影。

　　1和2：适合画比较干净的颜色。建议选绿色不要靠上，会容易变荧光色，中下位置选色更合适。

　　3：颜色的亮度和饱和度较高，特别是右上角置顶区域颜色会很艳丽，画清新色调尽量少选。

　　4：亮度和饱和度都较低，颜色都灰，是选色容易脏的区域，尽量少选。

　　5：色调比4要好很多，亮度和饱和度都中等，适合选偏灰一点儿的颜色但又不易脏。

　　6：适合选加深颜色，如果想深色比较干净，那么可以靠右选色。

　　7和8：亮度和饱和度很低，下部沉闷的黑色占了一半，选上部的颜色会更透气。

9：颜色最深，但饱和度比7和8要好很多，黑色占了下部一半，所以选色时尽量靠右上部，这样选的深色才更好看。

10：颜色以灰黑为主，颜色显脏且沉闷，尽量避开不选。

3.3.2 色相、饱和度、亮度

1. 色相

色相就是不同颜色的样子，比如红、橙、黄、绿、青、蓝、紫。在经典选色面板里，左右拖动颜色条上的圆形滑块可以改变颜色。

2. 饱和度

饱和度主要是调整颜色的鲜艳程度，饱和度越高色彩越鲜艳，也更加纯净，反之饱和度越低颜色越灰。

3. 亮度

亮度用来调整颜色的明亮程度，亮度越高颜色就越亮，亮度越低颜色则越灰暗。

3.3.3 色彩的温度

颜色也是有冷暖温度的，冷色系的颜色会看起来感觉凉爽，而暖色系的颜色则看起来感觉热情、温暖。

在色盘选色器即可看到

l. 冷色

冷色系的颜色主要有蓝、绿、紫，在绘画冰饮、建筑、投影时会用得多些，也会用一点儿暖色来中和冷色，让画面的色彩更平衡、丰富。

左边店铺感觉冷清安静，而右边店铺加了暖色的灯光和窗帘，看起来热闹，营业的感觉也更明显。

2. 暖色

　　暖色系的颜色主要有红、橙、黄，在绘画美食类时用暖色居多，看起来会令人更加有食欲，渲染、烘托热气腾腾的氛围。但也经常会在暗面混入一点儿冷色，丰富明暗色调，或者加一些冷色系的元素丰富画面。

　　樱桃右下角暗面中混入一点儿冷色系的蓝色，使明暗色调更丰富。

　　可颂中混入了冷色系的植物和蓝莓水果装饰，画面整体颜色就变得丰富起来了。

3.4 色彩的借鉴

在绘画的时候，我们经常会找参考图片，但新手容易受参考图片的色彩质量影响。如果找的参考图颜色干净漂亮，绘出来图的颜色会好看些，一旦找的参考素材颜色灰暗，绘出来的图就过灰、不好看。这是因为新手对于色彩的借鉴提取和表达的经验不足导致的，接下来讲解对新手实用的图片色彩借鉴提取技巧。

3.4.1 图片的选择技巧

大部分人都会找色彩干净漂亮的参考图片来画，这些图片都是经过了修图调色的，已经很完美了，所以新手跟着图片来画颜色，也不容易翻车。若找了调色不好的参考图片画，则会习惯性地跟着参考图片颜色走，就会导致作品的颜色效果不好看。所以，新手在选择素材的时候要学会找颜色合适的参考图片。

合适的参考图片需要颜色明亮、干净清晰、不灰脏模糊。以下面两张图片为例，左边的无花果吐司图片大部分人都会喜欢，因为颜色干净明亮，看起来也有食欲，很适合作为参考图片。而右边的芒果舒芙蕾照片却又灰又暗，看起来也不美味，颜色明显不适合拿来作参考。

3.4.2　图片的调整技巧

　　如果你非常喜欢某张颜色不好图片的案例，又担心画出来的作品颜色不好看，那么这时可以用自己的手机或调色软件来给图片调色，让它颜色变好看。这个方法可让新手减少参考图片颜色不好的影响。

　　常用的调色参数主要是曝光、对比度、亮度、饱和度、温度，大家可以多试一试，网上也有很多的调色技巧可供借鉴和学习。但这个只是一个辅助技巧，大家还是需要提升颜色的感知能力、积累配色经验，不能太依赖这个办法。

　　　　未调色　　　　　　　　　　　调色后

第 *01* 章

暖系淡彩
自然乐园

4.1　银杏叶

上海的秋天，路边总会掉落很多泛黄的银杏叶，总喜欢捡几片好看的拍照。

素材图

案例图

【线稿颜色】

【案例用色参考】

扫码观看视频

4.1.1　银杏叶草图

【草图重点】

　　银杏叶整体形状简单，叶片为扇形，但叶子边缘是不规则的，绘制的时候需要注意处理这个细节。

【草图步骤】

　　在"草图图层"用"铅笔笔刷"选黑色绘制草图。叶子用简单的扇形概括，形状都要有区别，再用弧线细致刻画叶子的形状。

步骤01 将"草图图层"不透明度降低，"线稿图层"模式改为"正片叠底"。

步骤02 在"线稿图层"用"钢笔笔刷"选色卡里的棕色来绘制线稿。在绘制叶子弧形边缘的凹陷褶皱位置时，线条尽量粗细有变化，比如凹陷位置力度大一点儿，凸出位置力度浅一点儿，线稿会更有节奏感。线稿完成后需隐藏"草图图层"。

4.1.3 银杏叶上色

【上色重点】

银杏叶整体都是黄色的，细致观察还能看到些许绿色，所以上色时可以适当晕染混入一点儿绿色，以丰富整体色调。

【上色步骤】

步骤01 在"线稿图层"下方新建图层，用"干水彩笔刷"选黄色，仔细平涂4片叶子，每片叶子尽量一笔平涂完成，减少颜色重叠，如有重叠可用"涂抹工具"过渡均匀。

步骤02 将涂好的底色多复制几个图层，保留一个，其他几个复制图层合并为一层变成实色底，接着把合并层"阿尔法锁定"，填充白色，叶子的实色白底就完成了。

【提示】后续给叶子上色的新建图层都需剪辑蒙版到此白底图层，以免颜色涂出去。

步骤03 新建图层"剪辑蒙版"到白底，用"湿海绵笔刷"选深一点儿的黄色晕染加深叶片，再选嫩绿色，把叶梗与叶片连接的位置晕染混色。

步骤04 继续选橘黄色，将叶片比较凹陷的边缘晕染，以丰富整体色调。

步骤05 新建"正片叠底模式"图层"剪辑蒙版"，用"软湿边笔刷"调小尺寸，吸取叶子黄色，从上往下用细小笔触把凹陷的纹路都画出来。

步骤06 最下边的叶子，用黄绿色画出叶子的纹路，因为它整体色调中绿色会多一些。

步骤07 再新建"正片叠底模式"图层"剪辑蒙版"，选橘黄色加深上边三片叶子的暗面和部分纹理，最下面的叶子用比之前深的绿色加重纹理。

步骤08 继续新建"正片叠底模式"图层，用小笔触选橘红色、橄榄绿以及绿色点涂小色块，增加叶子斑驳干枯的质感。

步骤09 新建图层，用"干水彩笔刷"选灰紫色，根据叶子形状画出左边的投影。接着"阿尔法锁定"投影，用"湿海绵笔刷"吸取叶子的黄色，把靠近叶子底部的投影晕染混色，营造透光的感觉。

步骤10 在"线稿图层"下方新建图层，用"白墨笔刷"选白色画高光，将叶子弧形边缘和纹路加上细细的高光。

步骤11 用"小墨点笔刷"涂一些白墨点，增加整体质感，银杏叶就绘制完成了。

4.2　玉兰花

三月的上海，正是玉兰花开得最好的时候。

【线稿颜色】 ●

【案例用色参考】

扫码观看视频

素材图

案例图

4.2.1　玉兰花草图

【草图笔刷】 V脸喵-铅笔-草图

【草图重点】

　　玉兰花整体形状中间宽两头窄，中间花瓣聚拢，边缘花瓣张开，花瓣的间距和层次需要注意把控。

【草图步骤】

在草图图层，用"铅笔笔刷"选黑色来画草图。用直线和几何图形把花朵形状轮廓概括出来，从中间花瓣一点儿一点儿向外绘制。花朵完成以后再绘制枝干和叶片。

4.2.2 玉兰花线稿

【线稿笔刷】 V脸喵-钢笔-线稿

【线稿步骤】

步骤01 将"草图图层"不透明度降低，"线稿图层"模式改为"正片叠底"。

步骤02 在"线稿图层"用"钢笔笔刷"选色卡里的棕色来绘制线稿。花瓣比较多，可以先从中间聚拢的地方开始绘制，再绘制边缘的地方，方便调整整体形状，线稿完成后需隐藏"草图图层"。

4.2.3 玉兰花上色

【上色笔刷】

【涂抹工具+笔刷】

【橡皮工具+笔刷】

【图层用到功能】

【上色重点】

　　玉兰花花瓣正面颜色深,反面颜色浅,上色时要注意这个特点。

【上色步骤】

　　步骤01　在"线稿图层"下方新建一个图层,用"手绘"选取工具把花朵整体形状框选出来,填充白色实底,后续上色直接新建图层"剪辑蒙版"到花瓣白底,可以让颜色不涂到白底范围之外。

　　步骤02　新建图层"剪辑蒙版"到白底,用"干水彩笔刷"选浅玫粉色,一笔平涂整个花瓣,再用"湿海绵笔刷"选浅黄色和浅蓝色晕染混色。

步骤03 新建"正片叠底模式"图层"剪辑蒙版",选玫粉色晕染加深花瓣暗面。

步骤04 新建图层,用"干水彩笔刷"选玫粉色平涂色块加深花瓣正面,用"湿海绵笔刷"选浅玫粉色提亮花瓣外侧亮部,再将色块边缘用"涂抹工具"过渡柔和。

步骤05 新建图层,用"浓湿边笔刷"选棕色平涂花朵枝干。线稿上方边缘可以留白一点儿。

步骤06 再用嫩绿色平涂出叶子部分,用"湿海绵笔刷"把枝干暗面混一点儿红棕色,叶子尖部混一些蓝绿色和玫粉色。

步骤07 新建"正片叠底模式"图层"剪辑蒙版"到花朵白底。用"软湿边笔刷"选深玫粉色，平涂色块加深花瓣暗面位置，边缘用"涂抹工具"过渡柔和。

步骤08 再新建"正片叠底模式"图层"剪辑蒙版"，用"软湿边笔刷"选深一点儿的玫粉色继续加深花瓣正面，增加层次感。

步骤09 继续新建"正片叠底模式"图层"剪辑蒙版"，用"软湿边笔刷"选浅粉色加深花瓣反面投影，用细长的线条，根据花瓣的走向增加正面的纹理，再用橘棕色点涂花瓣干枯的部分，增加质感。

步骤10 在枝干上方新建"正片叠底模式"图层，用"软湿边笔刷"选深棕色和绿色，加深枝干和叶子的投影。

步骤11 在"线稿图层"下方新建一个图层，用来添加高光。用"白墨笔刷"选白色，给花瓣边缘加上细细的高光，再用"墨点笔刷"涂一点儿白墨点丰富画面，玉兰花就绘制完成了。

4.3　多肉

扫码观看视频

种了三个月的多肉，刚开始还没花盆口大，现在叶片大了很多，也更好看了。

素材图

案例图

【线稿颜色】

【案例用色参考】

4.3.1 多肉草图

【草图重点】

多肉整体形状圆润，叶片多且层次很丰富，新手经常无从下手，其实用几何图形来辅助绘制会方便很多。

【草图步骤】

步骤01 在草图图层用"铅笔笔刷"选黑色，画一个正圆概括多肉形状大小，中心最密集的地方用一个小圆概括出位置，然后从中间一点儿一点儿向外画。

步骤02 可以把叶片的形状分别用不同的矩形概括，然后组合在一起画，概括出叶片的层次。

叶片结构

组合形状

步骤03 弧线细致勾勒出每片叶子的形状，并突显叶片厚度。

4.3.2 多肉线稿

步骤01 将"草图图层"不透明度降低，"线稿图层"模式改为"正片叠底"。

步骤02 在"线稿图层"用"钢笔笔刷"选色卡里的棕色来绘制线稿。绘制的时候先从多肉中间的叶子一点儿一点儿向外勾勒，注意多肉的叶片厚度可以适当地用小短线概括，线稿整体会更加有层次。线稿完成后需隐藏"草图图层"。

4.3.3 多肉上色

【上色重点】

多肉叶片很多，且层次丰富，绘制的时候由浅到深逐步刻画，深浅变化明显，立体感和层次感才会表现出来。

【上色步骤】

步骤01 在"线稿图层"下方新建一个图层，用"手绘选取工具"把多肉区域框选出来，填充白色实底方便上色（注意：后续给花瓣上色的新建图层都需剪辑蒙版到此白底图层，以免颜色涂出去）。

步骤02 新建图层"剪辑蒙版"到白底，用"干水彩笔刷"选绿色，一笔平涂多肉。再用"湿海绵笔刷"选嫩绿色晕染提亮多肉边缘叶片。

步骤03 接着选蓝绿色和浅蓝色，混色加深多肉。

步骤04 新建图层"剪辑蒙版"，选粉色晕染每一片叶子的尖部。

步骤05 新建"正片叠底模式"图层"剪辑蒙版"，用"软湿边笔刷"选绿色平涂色块，加深每一片叶子之间的投影，边缘的投影需降低笔刷透明度来画，这样投影才有深浅变化。

步骤06 用"涂抹工具"过渡叶片部分投影边缘。

步骤07 新建"正片叠底模式"图层"剪辑蒙版"，用"软湿边笔刷"选深一点儿的蓝绿色，从叶片中间向外加深投影，再用"涂抹工具"过渡色块部分边缘，使其变自然。

步骤08 用"压力水彩笔刷"选浅绿色，把每片叶子的厚度投影表现出来，让多肉更加饱满立体。再用"软湿边笔刷"选深绿色，把叶片之间的深色投影加重，叶子尖部再选粉色加重，使整体颜色层次感更丰富。

步骤09 用"白墨笔刷"选白色沿着多肉厚度边缘把高光点染出来，粗细要有变化才自然。

步骤10 接着降低"白墨笔刷"透明度，把多肉有白霜的地方浅浅地铺一点儿高光，增加质感。再用"小墨点笔刷"涂一些白色墨点，至此多肉绘制完成。

4.4　松塔花环

搬新家后，总觉得书桌墙壁很空，网购了一些松塔和棉花材料DIY了一个冬季感满满的花环，挂在家里作装饰，很温馨。

素材图

扫码观看视频

案例图

【线稿颜色】●

【案例用色参考】

4.4.1 松塔花环草图

【草图重点】

花环看着复杂，但将整体的材料拆分开来看就会简单很多。比如藤环可以用圆形概括大小，再用几何图形将干花装饰轮廓概括出来，就容易多了。

【草图步骤】

步骤01 在"草图图层"用"铅笔笔刷"选黑色画草图。先用两个圆概括出藤环宽度大小。再用几何图形将藤环上的干花装饰和蝴蝶结简单勾勒出来。

步骤02 松塔层次比较复杂，这时候可以用红色来涂细节，这样可以更清楚地分辨和刻画。

4.4.2　松塔花环线稿

步骤01 将"草图图层"不透明度降低，"线稿图层"模式改为"正片叠底"。

步骤02 在"线稿图层"用"钢笔笔刷"选色卡里的棕色来绘制线稿。绘制线稿和绘制草图顺序正好相反，先刻画干花和蝴蝶结，最后再刻画藤环。要注意表现出不同干花和装饰品的质感。

步骤03 处理藤环的时候，可以把绑住的这个特征突出表现。且藤条的粗细是不一样的，画的时候间隙也要有宽窄变化，这样才自然。线稿完成后需隐藏"草图图层"。

4.4.3　松塔花环上色

【上色重点】

　　花环整体比较复杂，颜色由浅到深刻画更容易，建议先铺底色再去加深刻画，后续加深可直接新建"正片叠底模式"图层，吸取底色来加重颜色更便捷。

【上色步骤】

　　步骤01　藤环形状不规则，选取填充不方便，可用"干水彩笔刷"平涂底色，再将底色图层复制的几份合并为实色底，"阿尔法锁定"填充白色，就能得到白色实底（方便后续给藤环新建图层上色，"剪辑蒙版"到此白底图层，使颜色涂不出去）。

　　步骤02　新建图层"剪辑蒙版"到藤环白底，用"湿海绵笔刷"选浅棕色、浅黄色和浅粉色晕染提亮藤环。

　　步骤03　新建"正片叠底模式"图层"剪辑蒙版"，用"干水彩笔刷"选棕色，加深藤条之间的投影。

步骤04 用深棕色继续加深投影。加深的范围一定要小于前面的投影，这样层次感才更丰富。

步骤05 用"手绘"选取工具将蝴蝶结的区域框选出来填充白色实底。新建图层"剪辑蒙版"，用"干水彩笔刷"选浅黄色平涂蝴蝶结，再用"湿海绵笔刷"选浅粉色和浅蓝色晕染暗面，丰富色调。

步骤06 新建"正片叠底模式"图层"剪辑蒙版"，用"软湿边笔刷"选浅黄色，加深蝴蝶结投影。

步骤07 继续选深一点儿的黄色加深蝴蝶结褶皱投影，让蝴蝶结更立体。

步骤08 新建图层，用"手绘"选取工具把棉花的区域框选出来填充白色实底，再新建图层"剪辑蒙版"，用"干水彩笔刷"选灰蓝色，平涂出棉花暗面。

步骤09 用"涂抹工具"过渡部分边缘，接着用"湿海绵笔刷"混入一点儿黄色，丰富色调。再用"干水彩笔刷"选浅棕和深棕色，将枝干涂出来。

步骤10 用"手绘"选取工具把左边松塔和右边黄色干花区域选取出来，填充白色底。新建图层"剪辑蒙版"，用"干水彩笔刷"选浅棕色平涂松塔，浅黄色平涂干花，再用"海绵笔刷"将暗面混入一些深黄色。

步骤11 新建"正片叠底模式"图层"剪辑蒙版"，用"干水彩笔刷"，选棕色和橘黄色加深松塔和黄色干花暗面投影。

步骤12 再用深棕色继续加深松塔暗面，范围要小于之前的投影，松塔才更立体。

步骤13 新建图层，用"手绘选取工具"把左右两边的装饰干花选取出来填充白色实底，新建图层"剪辑蒙版"到白底，再用"干水彩笔刷"给每个干花平铺底色。

步骤14 新建"正片叠底模式"图层"剪辑蒙版"，加深两侧干花暗面。加深的时候都可吸取底色，把颜色调深一点儿就可以，这样比较方便快捷。

步骤15 在"线稿图层"下方新建一个图层加高光，用"白墨笔刷"选白色，给花环整体加上高光，高光一定要有粗细变化，这样才自然和谐。至此花环绘制完成。

第05章

暖系淡彩
收藏时光

5.1　电话机

老上海的公用电话亭是那个年代独有的。电话的颜色、造型、质感都很特别，岁月感满满。

【线稿颜色】 ⬤

【案例用色参考】

扫码观看视频

素材图

案例图

5.1.1　电话机草图

【草图重点】

电话整体是长方形的，边角圆润，且是从仰视角度拍摄，依据近大远小的原理，电话下方要比上方宽。

【草图步骤】

步骤01 打开"绘图指引"里的"网格"，把"网格尺寸"调到合适大小，辅助绘制草图造型更准。

步骤02 在"草图图层"用"铅笔笔刷"选黑色绘制草图。利用网格绘制直线，用几何图形概括出电话宽高，转折位置都用弧线勾勒。

步骤03 接着刻画电话细节厚度，再勾勒长方形框中需绘制的区域，草图完成后关掉"网格"。

步骤01 将"草图图层"不透明度降低，"线稿图层"模式改为"正片叠底"。

步骤02 在"线稿图层"用"钢笔笔刷"选色卡里的棕色来绘制线稿。先用直线刻画边框，接着绘制电话，注意电话的线条比外轮廓的线细一些，这样层次感会更丰富、形状更精致。完成线稿后需隐藏"草图图层"。

【上色重点】

电话黄色区域的斑驳质感处理，是营造做旧效果的重要表现方式。当背景单调时，可用"水痕质感笔刷"来丰富画面。

【上色步骤】

步骤01 在"线稿图层"下方新建3个图层，用"手绘"选取工具把话筒拨号、电话整体、背景区域分别单独填充白色实底。后续上色直接新建图层"剪辑蒙版"到该白底图层，可以让颜色不涂到白底范围之外。

步骤02 新建图层"剪辑蒙版"到电话整体白底，用"干水彩笔刷"选暖黄色平铺整体。新建图层用"湿海绵笔刷"选橘黄色，晕染加深电话边缘及暗面，再选浅黄色晕染提亮亮面。

步骤03 新建"正片叠底模式"图层"剪辑蒙版"。用"软湿边笔刷"选偏红的橘黄色，加深话筒、拨号区域的投影。注意光源方向是从左上方来的。

步骤04 在话筒拨号区域实底图层上方新建图层"剪辑蒙版"上色。用"干水彩笔刷"选灰一点儿的暗黄色，一笔平涂按键，选深灰蓝色平涂话筒，选浅灰蓝平涂电话线。再用"湿海绵笔刷"选浅紫色晕染话筒边缘，用浅一点儿的暗黄色提亮按键区域。

步骤05 新建"正片叠底模式"图层，用"软湿边笔刷"吸取电话的颜色，平涂色块加深暗面，再用"涂抹工具"涂抹过渡部分的色块边缘。

步骤06 用"干水彩笔刷"选深灰绿色平涂显示屏，再新建"正片叠底"图层，用"软湿边笔刷"选灰蓝色加深屏幕边缘，黄褐色加深凹陷位置，增加层次感。

步骤07 新建图层，用"干水彩笔刷"选浅黄色平涂亮面位置，选浅蓝色平涂按钮。再新建"正片叠底模式"图层，用"干水彩笔刷"选土黄色点染出按键投影，灰紫色加深电话线投影。

步骤08 回到黄色电话区域，新建"正片叠底模式"图层"剪辑蒙版"，用"软湿边笔刷"选黄褐色，用点点加色块的笔触，涂出电话表面斑驳的质感，再涂抹过渡部分的色块边缘，让色块自然。

步骤09 新建图层"剪辑蒙版"到背景白底。选"颗粒水彩笔刷"用灰蓝色一笔平涂背景，再用"湿海绵笔刷"降低透明度，吸取电话的黄色以及橘粉色，浅浅晕染离电话近的边缘位置。

步骤10　新建"正片叠底模式"图层"剪辑蒙版"，用"水痕笔刷"选灰蓝色平铺背景，增加纹理质感。再用"干水彩笔刷"选灰紫色平涂出电话以及电话线的投影。

步骤11　在线稿图层下方新建图层，用"白墨笔刷"选白色，把电话边缘以及屏幕都加上高光。再用"小墨点笔刷"整体涂一些白墨点，电话就绘制完成了。

5.2　老式电视

去无锡旅行时，拍到的老式黑白电视机。这个是童年的快乐呀，怀旧感满满。

素材图

扫码观看视频

【线稿颜色】

【案例用色参考】

案例图

5.2.1 老式电视草图

【草图重点】

照片是从比较平视的角度拍摄，只能看到电视顶部一点儿厚度，整体四方且边角圆润，光源主要在右上方，绘制的时候可以将形状、角度调正一点儿，更显美观。

【草图步骤】

步骤01 打开"绘图指引"里的"网格"，把"网格尺寸"调到合适大小，辅助绘制草图造型更精准。

步骤02 在"草图图层"用"铅笔笔刷"选黑色绘制草图。用网格定位宽高，用长方形概括电视正面、屏幕和底部区域结构框架。

步骤03 刻画细节，由外向里一步一步完善。电视细节比较多，草图尽量详细些，方便后续绘制线稿。草图完成后关掉"网格"。

5.2.2 老式电视线稿

步骤01 将"草图图层"不透明度降低，"线稿图层"模式改为"正片叠底"。

步骤02 在"线稿图层"，用"钢笔笔刷"选色卡里的棕色来绘制线稿。先刻画边框轮廓，再刻画里面的细节。如果一条线画不直那么可以分成几小段连接在一起，线条之间尽量不要交叉。线条密集的地方也要注意间隙均等，电视的4个角转角处用弧线刻画。绘制完成后隐藏"草图图层"。

5.2.3 老式电视上色

步骤01 在"线稿图层"下，把电视整体、深色区域、屏幕分别新建3个图层，用"手绘"选取工具选取出来，填充白色实底，方便后续在白底上方新建图层"剪辑蒙版"上色，让颜色不涂到区域外。

步骤02 新建图层"剪辑蒙版"到电视整体白底。用"干水彩笔刷"选浅米黄色一笔平涂，接着用"湿海绵笔刷"选浅蓝色和橘黄色，晕染电视底部暗面。

步骤03 新建"正片叠底模式"图层，用"浓湿边笔刷"选一个浅棕色，画出电视底部和右边投影。用"干水彩笔刷"选深点儿的棕色，把底部按钮加深。

步骤04 新建图层"剪辑蒙版"到深色白底。用"干水彩笔刷"选灰蓝色一笔平涂，再用"湿海绵笔刷"选浅蓝和浅紫色混色晕染局部。

步骤05 新建"正片叠底模式"图层"剪辑蒙版"，用"干水彩笔刷"吸取灰蓝色，调小笔刷将电视凹陷缝隙和旋钮的投影加深，再选一个深灰蓝，给电视屏幕的边框上色，使整体更有立体感。

步骤06 新建图层"剪辑蒙版"到屏幕白底。用"浓湿边笔刷"选灰绿色一笔平涂。接着用"湿海绵笔刷"混入一些米黄色和浅蓝色在屏幕中间平涂，丰富色调。

步骤07 新建"正片叠底模式"图层"剪辑蒙版",用"湿海绵笔刷"选深一点儿的灰绿色、灰蓝色晕染加深屏幕的4个边角,让中间凸起来。再用"软湿边笔刷"选深灰绿色,把边缘加深投影。

步骤08 在"线稿图层"下方新建一个图层来画高光,用"白墨笔刷"选白色,给屏幕以外的边框旋钮位置加上高光。接着降低笔刷一半不透明度,给电视屏幕加上高光。注意高光有深浅变化,可以让层次感更丰富。

步骤09 在最底层新建1个图层来画投影。用"干水彩笔刷"选灰紫色,在左下方平涂出投影区域。

步骤10 用"阿尔法锁定"投影图层后,再用"湿海绵笔刷"选浅灰蓝色,晕染提亮左边,最外边混入一点儿电视的浅黄色,这样电视就绘制完成了。

5.3 电风扇

小时候，炎热的夏天，能有一台桌面老风扇，让人吹着风看电视和吃饭，很惬意。

素材图

扫码观看视频

案例图

【线稿颜色】

【案例用色参考】

5.3.1 电风扇草图

【草图重点】

风扇的角度是微微向右俯视的，所以风扇罩子区域是椭圆形的，底座是长方体的，可以看到左侧和正面厚度，绘制的时候需要注意透视效果。

【草图步骤】

步骤01 打开"绘图指引"里的"网格",把"网格尺寸"调到合适大小,用"网格"辅助抓型更精准。

步骤02 在"草图图层",用"铅笔笔刷"选黑色画草图。网格辅助定位宽高,用几何图形框出风扇大轮廓比例。

步骤03 用弧线再细致刻画风扇细节,将按钮开关都加上。草图完成后关掉"网格"。

5.3.2　电风扇线稿

【线稿重点】

　　扇罩的网比较密集且多，绘制线稿时可以适当删减，刻画出1/3的数量就够了，这样既省时间而且效果也达到了。

【线稿步骤】

　　步骤01　将"草图图层"不透明度降低，"线稿图层"模式改为"正片叠底"。

步骤02　在"线稿图层"，用"钢笔笔刷"选色卡里的棕色来绘制线稿。绘制扇罩时需要耐心一点儿，跟着纹路走向刻画。再加上风扇插头，使整体画面更丰富、精致。线稿完成后需隐藏"草图图层"。

5.3.3　电风扇上色

【上色重点】

　　绘制投影时，要与主体物颜色和谐，可以适当混入主体物颜色，这样受到环境色烘托就自然和谐了。

【上色步骤】

步骤01 在"线稿图层"下方新建一个图层，用"手绘"选取工具把扇叶区域选取出来并填充白色实底，方便后续新建图层"剪辑蒙版"到扇叶白底，让颜色涂不出去。

步骤02 新建图层"剪辑蒙版"到扇叶白底，用"干水彩笔刷"选浅蓝绿色，平涂扇叶区域。再用"湿海绵笔刷"选深一点儿的蓝绿色，晕染加深扇叶中心位置，再选浅绿色和黄绿色晕染扇叶边缘，丰富色调。

步骤03 新建"正片叠底模式"图层"剪辑蒙版"到扇叶白底，用"软湿边笔刷"吸取扇叶的蓝绿色，平涂色块将中间投影加深，再用"涂抹工具"过渡边缘柔化。

步骤04 新建图层"剪辑蒙版"，用"干水彩笔刷"选灰蓝色和橙黄色平涂中心。继续选灰紫色和橙黄色，加深扇叶中心和边框投影。

步骤05 在扇叶下方新建图层，用"手绘"选取工具将风扇底座区域选取出来，填充白色实底，方便后续用"剪辑蒙版"功能上色，让颜色不涂到底座外。

	图层32	N	☑
	图层40	M	☑
	图层31	N	☑
	底座	N	☑

步骤06 新建图层"剪辑蒙版"到底座白底，用"干水彩笔刷"选米黄色和蓝绿色平涂底座，灯平涂橙黄色，旋钮用灰蓝色平涂。再用"湿海绵笔刷"在暗面混入些橘黄色平涂。

步骤07 新建"正片叠底模式"图层"剪辑蒙版"，用"软湿边笔刷"选深一点儿的米黄色加深底座黄色区域投影。

步骤08 选蓝绿色，加深底座蓝色区域投影，光从右上方来所以投影要统一在左下方。

步骤09 在所有颜色图层上新建图层，用"干水彩笔刷"选灰蓝色，将罩子边框涂出来，厚度需用灰紫色加深。

步骤10 新建"正片叠底模式"图层，用"干水彩笔刷"选灰紫色，沿着罩网画出投影，然后将图层向右旋转一点儿，再将扇叶以外的投影都擦干净，这样罩网的投影就完成了。

步骤11 在"线稿图层"下方新建图层，用"白墨笔刷"选白色把风扇高光都加上。注意罩网中心凹的地方可以加一点儿高光，这样会有金属的反光效果。

步骤12 在最下方新建图层画投影，用"干水彩笔刷"选灰蓝色，平涂出风扇投影。用"阿尔法锁定"投影，再用"湿海绵笔刷"选灰紫色加深投影，边缘混一点儿黄色，最后把后边的投影边缘涂抹过渡一下，风扇就绘制完成了。

5.4 留声机

逛街时，在街边小店无意拍到的留声机，喇叭状的造型很特别，颜色也很古朴。

【线稿颜色】

【案例用色参考】

扫码观看视频

5.4.1 留声机草图

【草图笔刷】V脑喵-铅笔-草图

【草图重点】

留声机的透视感较强，掌控好造型是难点，用几何图形去分析拆解结构更容易绘制，例如：喇叭轮廓可以看成椭圆，机身盒看成长方体。

【草图步骤】

步骤01 打开"绘图指引"里的"网格"，把"网格尺寸"调到合适大小，辅助画草图抓型更准。

步骤02 在"草图图层"用"铅笔笔刷"选黑色画草图。用网格辅助定位宽高，用几何图形把整体比例和透视角度先刻画出来。

步骤03 再去丰富造型细节，机身盒的木头厚度细节也要细致刻画，草图绘制越细致，后续绘制线稿就会更快速，减少修改重画的次数。

5.4.2 留声机线稿

【线稿笔刷】 V脸喵-钢笔-线模

【线稿步骤】

步骤01 把"草图图层"不透明度降低，"线稿图层"模式改为"正片叠底"。

步骤02 在"线稿图层"用"钢笔笔刷"选色卡里的棕色来绘制线稿，喇叭花瓣纹路和机身盒的厚度都需要用线稿刻画出来。

5.4.3 留声机上色

【上色笔刷】

【涂抹工具+笔刷】

【橡皮工具+笔刷】

【图层用到功能】

【上色重点】

　　素材照片整体颜色比较灰暗，绘制的时候只参考照片造型、透视、明暗关系，用色可以自己调整，将整体颜色涂明亮鲜艳些会更好看。

【上色步骤】

　　步骤01　在"线稿图层"下方新建一个图层，用"手绘"选取工具把留声机整体选取出来并填充白色实底，方便后续上色，让颜色不涂到线稿外。

【提示】给留声机上色的新建图层都需剪辑蒙版到此白底图层，以免颜色涂出去。

步骤02 新建图层"剪辑蒙版"到白底，用"干水彩笔刷"选米黄色一笔平涂喇叭区域，注意颜色不要涂到其他区域。

步骤03 用"湿海绵笔刷"选土黄色晕染喇叭凹陷位置，鼓起来的地方选粉红色晕染。再用浅蓝色晕染喇叭左下角暗面，丰富整体色调。

步骤04 新建"正片叠底模式"图层"剪辑蒙版"，用"软湿边笔刷"选土黄色，把喇叭凹陷褶皱位置加上投影色块。再选一个浅黄色，平涂色块加深花瓣凹陷位置。把笔刷调小，选橘粉色将喇叭中心以及边缘加重一点，范围一定要比之前加重的位置小，使层次感更丰富。

步骤05 用"涂抹工具"过渡色块部分边缘，使整体更加柔和，记得保留一点笔触，可以增加水彩质感。一般过渡50%笔触边缘，保留50%笔触。

步骤06 新建图层"剪辑蒙版",用"干水彩笔刷"选灰紫色平涂枝干,再新建"正片叠底模式"图层"剪辑蒙版",用同样的颜色加深躯干左边暗面。

步骤07 新建图层"剪辑蒙版",用"干水彩笔刷"选浅红棕色平涂机身盒,唱片位置留白。接着用"湿海绵笔刷"选浅蓝色混入左边暗面,浅黄色提亮右边,丰富色调。

步骤08 新建图层"剪辑蒙版",用"浓湿边笔刷"选深灰蓝色平涂唱片,中间用红色平涂,再新建"正片叠底模式"图层,用同样的灰蓝色把唱片厚度以及投影表现出来。

步骤09 新建"正片叠底模式"图层"剪辑蒙版",用"软湿边笔刷"吸取盒身红棕色把唱片、盒身暗面加深。

步骤10 再新建"正片叠底模式"图层"剪辑蒙版"，用深红棕色将凹陷位置投影加重，使盒身更立体。再吸取唱片颜色，给唱片加上投影。

步骤11 在"线稿图层"下方新建图层用来加高光。喇叭鼓出来的地方反光不明显，选"白墨笔刷"后需降低40%笔刷透明度，用白色加上浅浅的高光会更自然。

步骤12 将"白墨笔刷"调回100%的透明度，给机身盒边缘位置加上细碎的高光，注意高光有大有小看起来才更加自然。

2.2 信箱

素材图

案例图

路过一栋上海的老房子，拍到两只嵌在墙里的信箱，有锈迹也有刷墙时沾上的墙漆，朴素而有质感。

【线稿颜色】●

【案例用色参考】

扫码观看视频

1.2.2 信箱草图

【草图重点】

素材角度是平视，透视变化少。整体造型都是以长方形构成，左边信箱窄小，宽度只有右边的1/2，绘制的时候需要注意尺寸比例。

【草图步骤】

步骤01 打开"绘图指引"里的"网格",把"网格尺寸"调到合适大小,辅助绘制草图造型更精准。

步骤02 在"草图图层"用"铅笔笔刷"选黑色画草图。用两个长方形画出两个信箱的大小比例,再刻画里面的细节。

步骤03 信箱的投递口和门锁特征都要画出来,注意右边信箱下边的格子是微微向前打开的,有前倾结构透视,草稿完成关掉"网格"。

步骤01 把"草图图层"不透明度降低，"线稿图层"模式改为"正片叠底"。

步骤02 在"线稿图层"用"钢笔笔刷"选色卡里的棕色来绘制线稿。信箱整体造型比较硬和方，刻画的时候，线条尽量直些。但不建议刻画水平直线，会显得僵硬，手绘形式刻画直线更生动，信箱门和框之间的缝隙宽度细节也要画出来。线稿完成后需隐藏"草图图层"。

【上色重点】

两只信箱一只偏蓝绿色，一只偏军绿色，上色的时候色调要区分开才有差距感，同时表现出信箱的生锈质感也很重要。

【上色步骤】

步骤01　在"线稿图层"下方，把左右两边信箱单独新建两个图层，用"手绘"选取工具将信箱单独框选并填充白色实底，方便后续在白底上方新建图层用"剪辑蒙版"功能上色，让颜色不涂到线稿外。

步骤02　在左信箱白底上方新建图层"剪辑蒙版"，用"干水彩笔刷"选偏灰的蓝绿色一笔平涂信箱。用"湿海绵笔刷"选浅蓝色晕染信箱，再选浅粉色晕染信箱左上角和右下角，把信箱口、锁孔、标签处留白。

步骤03　继续用"干水彩笔刷"选米黄色，把信件和标签平涂，选深一点的米黄色，把信件和标签投影加深，再选褐色，给锁孔上色。

步骤04　新建"正片叠底模式"图层"剪辑蒙版"，吸取之前的蓝绿色，加深信箱投影以及缝隙。

步骤05　在右边信箱白底上方新建图层"剪辑蒙版"，用"干水彩笔刷"选浅军绿色一笔平涂，再用"湿海绵笔刷"选米黄色和浅蓝色晕染信箱，丰富色调。

步骤06　信箱口和左上角选浅黄绿色平涂提亮。再把边缘用"涂抹工具"过渡均匀。用"白墨笔刷"将信箱孔和锁孔用白色涂出来，再选米黄色和褐色平涂上色。

步骤07　新建"正片叠底模式"图层，用"干水彩笔刷"选和底色一样的军绿色，将信箱缝隙投影都画出来，信箱口要选更深一点的绿色加重，最后再选深一点的米黄色晕染出信件投影。

步骤08 新建"正片叠底模式"图层，用"软湿边笔刷"选红色，把信箱生锈的位置平涂小色块，再把部分位置用"涂抹工具"过渡自然。

步骤09 继续新建"正片叠底模式"图层。用深绿色加重整个信箱的投影，加深的范围要小于之前投影，再用"干水彩笔刷"选棕色，给信箱加上字。

步骤10 在"线稿图层"下方新建图层，用"白墨笔刷"选白色给信箱的边框加上高光。

步骤11 在刷墙时信箱粘到的油漆，用小笔触点涂出来，笔触要大小不一。再在油漆图层下方新建"正片叠底模式"图层，选深绿色给油漆加上投影，最后再用"小墨点笔刷"涂些白墨点增加质感，完成上色。

第06章

暖系淡彩
下午茶

6.1　芒果芝士奶茶

　　忙碌的下午，来一杯
用料超足的芒果味奶茶，
感觉快乐又回来了。

素材图

案例图

扫码观看视频

【线稿颜色】

【案例用色参考】

6.1.1　芒果芝士奶茶草图

【草图笔刷】V脸嘴-铅笔-草图

【草图重点】

　　奶茶杯子整体上宽下窄，且杯身很长。角度是比较平视的，所以杯口和杯底的弧度不是很大。

步骤01 打开"绘图指引"里的"网格",把"网格尺寸"调到合适大小,辅助绘制草图造型更精准。

步骤02 在"草图图层",用"铅笔笔刷"选黑色绘制草图。利用网格勾勒出对称几何图形,把杯身和杯盖概括出来。

步骤03 用弧线刻画出杯底和杯盖角度。草稿完成后关掉"网格"。

6.1.2 芒果芝士奶茶线稿

【线稿笔刷】 V绘喵-钢笔-线稿

【线稿步骤】

步骤01 把"草图图层"不透明度降低,"线稿图层"模式改为"正片叠底"。

步骤02 在"线稿图层"用"钢笔笔刷"选色卡里的棕色来绘制线稿。注意，杯子里的果肉形状不明显，画的时候用短虚线刻画更生动自然。线稿完成后需隐藏"草图图层"。

6.1.3 芒果芝士奶茶上色

【上色笔刷】

【涂抹工具+笔刷】

【橡皮工具+笔刷】

【图层用到功能】

【上色重点】

整体以黄色为主，如何让颜色丰富又有层次感，需要注意色相变化，比如深色部分用橘黄色，黄色偏红些。

【上色步骤】

步骤01 在"线稿图层"下方新建两个图层，分别把奶茶杯身以及盖子用"手绘"选取工具选取出来并填充白底，方便后续在白底上方新建图层用"剪辑蒙版"功能上色，使颜色涂不出去。

步骤02 在杯身白底上方新建图层"剪辑蒙版",用"干水彩笔刷"选浅黄色平涂奶茶黄色的区域,边缘用"涂抹工具"过渡柔和。

步骤03 新建图层"剪辑蒙版",用"湿海绵笔刷"选深点的黄色,将奶茶暗面加深,明暗交界线用橘黄色加重。左边是亮面,所以颜色要比右边浅。记得将杯盖区域留出来。

步骤04 新建图层"剪辑蒙版",用"干水彩笔刷"选橘黄色,将奶茶的芒果肉平涂出来,再用"涂抹工具"将色块部分边缘涂抹过渡自然。杯盖用浅浅的米黄色平涂即可,中间区域颜色需要深一点。

步骤05 新建"正片叠底模式"图层,用"软湿边笔刷"选橘黄色平涂色块,加重芒果肉的位置,用"涂抹工具"过渡部分边缘。再用"大墨点笔刷"点染加深奶茶。

步骤06 新建图层"剪辑蒙版"，用"软湿边笔刷"选浅米色，把颜色比较浅的区域平涂出来，并用"涂抹工具"过渡部分边缘。

步骤07 在盖子白底上方新建图层"剪辑蒙版"，用"干水彩笔刷"选灰蓝色平涂加深盖子暗面，部分边缘用"涂抹工具"过渡柔和。再用"湿海绵笔刷"选灰紫色晕染加深明暗交界线，亮面混一点浅黄色。

步骤08 新建"正片叠底模式"图层"剪辑蒙版"，用"软湿边笔刷"选灰紫色将盖子的投影加重。在杯身白底上方新建"正片叠底模式"图层"剪辑蒙版"，用"干水彩笔刷"选灰紫色，将杯盖的投影和杯底画出来，使整体更有立体感。

步骤09 在"线稿图层"下方新建图层，用"白墨笔刷"选白色把奶茶的高光表现出来，再用"小墨点笔刷"涂些白墨点增加质感。

步骤10 在最下方新建图层添加投影。用"软湿边笔刷"选灰蓝色平涂投影色块，投影后用"涂抹工具"过渡柔和，再将投影"阿尔法锁定"。用"湿海绵笔刷"将投影中间混入灰紫色加深，吸取奶茶的黄色丰富投影，增加环境色，使整体更和谐。至此芒果奶茶绘制完成。

6.2　西柚气泡水

尝试用西柚和无糖汽水制作一款简单的气泡水冰饮。满满的果肉和超大片西柚，味道很清新，是夏日必备饮品。

素材图

案例图

【线稿颜色】

【案例用色参考】

扫码观看视频

6.2.1　西柚气泡水草图

【草图重点】

　　原本杯子上下宽度一致，因从微俯视角度拍摄，所以杯子上宽下窄，杯口呈椭圆形，里面的西柚片也跟着杯子形状变化，绘制的时候需要注意透视关系。

【草图步骤】

　　步骤01　打开"绘图指引"里的"网格"，把"网格尺寸"调到合适大小，辅助绘制草图造型更精准。

　　步骤02　在"草图图层"，用"铅笔笔刷"选黑色画草图。利用网格定点出杯子宽高，再用直线和椭圆画出透视关系。

　　步骤03　用弧线丰富细节，并添加植物元素。草稿完成后关掉"网格"。

6.2.2　西柚气泡水线稿

步骤01　将"草图图层"不透明度降低，"线稿图层"模式改为"正片叠底"。

步骤02　在"线稿图层"用"钢笔笔刷"选色卡里的棕色来绘制线稿。画的时候注意冰块、水里的百里香和西柚用短虚线刻画，冷饮表面有水汽，所以轮廓不明显，实线画会显生硬。线稿完成后需隐藏"草图图层"。

6.2.3　西柚气泡水上色

【上色重点】

　　冰块颜色受西柚颜色影响，色调需偏红，果肉颜色深浅变化要明显才有层次感，了解气泡的表现手法。

【上色步骤】

步骤01　在"线稿图层"下方分别新建两个图层，用"手绘"选取工具将百里香和杯子分别填充白底，方便后续在白底上方新建图层用"剪辑蒙版"功能上色，使颜色涂不出去。

步骤02 新建图层"剪辑蒙版"到百里香白底，用"干水彩笔刷"选绿色平涂。"复制"一层加深颜色，再用"橡皮擦"将浅色叶子擦出来，用"湿海绵笔刷"选浅粉色将叶子尖部混色。

步骤03 新建图层"剪辑蒙版"到杯子白底，用"干水彩笔刷"选橘黄色平涂西柚表皮，选西柚色平涂果肉，再用"涂抹工具"把边缘过渡柔和。

步骤04 新建"正片叠底模式"图层"剪辑蒙版"，吸取果肉颜色，用"软湿边笔刷"以小笔触的形式画出果肉一粒粒的质感。

步骤05 新建图层"剪辑蒙版"，用"软湿边笔刷"平涂色块，将杯底果肉和表面冰块边缘加深，再用"涂抹工具"将边缘过渡柔和。

步骤06 新建"正片叠底模式"图层"剪辑蒙版",用"湿海绵笔刷"选红一点的西柚色,晕染加深底部。浅色的地方可以降低笔刷透明度晕染。再选橘黄色混入饮品中间,浅玫粉色晕染左侧边缘。

步骤07 新建"正片叠底模式"图层"剪辑蒙版",用"软湿边笔刷"选红一点的西柚色,将杯底的果肉颜色加深,冰块边缘用浅一点的西柚色把暗面加重,再混入一点浅蓝色和浅紫色在冰块上,丰富色调。

步骤08 新建图层"剪辑蒙版",用"软湿边笔刷"吸取植物的绿色,将泡水里的百里香涂出来,再用"涂抹工具"过渡边缘。用"白墨笔刷"选白色将杯底玻璃涂出来,"阿尔法锁定"图层,再用"湿海绵笔刷"混入一些灰蓝色和西柚色。而冰块表面和玻璃杯口,混入一些浅蓝色以及浅粉色。

步骤09 新建图层"剪辑蒙版",用"干水彩笔刷"选橘黄色加深西柚表皮,再用白色,以"C"的形式把小气泡刻画出来,玻璃杯口厚度用灰蓝色和灰一点的西柚色加深。新建"正片叠底模式"图层"剪辑蒙版",选深红色把气泡暗面画出来,选西柚色加深杯口和汽水高度边缘。

步骤10 在"线稿图层"下方新建图层，用"白墨笔刷"选白色，将饮料的高光都画出来。再用"压力水彩笔刷"选白色，将玻璃杯中间的高光和两边的高光都表现出来，增加玻璃的通透质感。至此，西柚气泡水绘制完成。

6.3 梦幻气泡水

经朋友推荐购买了一款高颜值的竖纹高脚玻璃杯，用蓝莓、黄瓜和汽水组合一起制作了一款饮品，梦幻又治愈。

素材图

案例图

【线稿颜色】
【案例用色参考】

6.3.1 梦幻气泡水草图

【草图重点】

　　杯肚大小上下一致，因从微微俯视的角度观察，杯底会比杯口看着窄些，且杯座也会比杯肚底部窄一些。绘制高脚玻璃杯一定要左右两边对称。

【草图步骤】

　　步骤01　打开"绘图指引"里的"网格"，把"网格尺寸"调到合适大小，辅助绘制草图造型更精准。

　　步骤02　在"草图图层"用"铅笔笔刷"选黑色画草图。用网格辅助画一条中心垂直线，用椭圆把杯口杯底和底座都概括出来再用直线连在一起。接着选红色，用弧线画出饮品配料，草稿完成后关掉"网格"。

6.3.2 梦幻气泡水线稿

步骤01 将"草图图层"不透明度降低，"线稿图层"模式改为"正片叠底"。

步骤02 在"线稿图层"用"钢笔笔刷"选色卡里的棕色来绘制线稿。先画玻璃杯的外轮廓，线条尽量流畅，再把蓝莓和百里香装饰画出来。泡在水里的食材用短虚线来刻画更自然。线稿完成后需隐藏"草图图层"。

6.3.3 梦幻气泡水上色

【上色重点】

了解竖纹玻璃杯质感和透明玻璃杯座的上色方式。

【上色步骤】

步骤01 在"线稿图层"下方新建三个图层，用"手绘"选取工具分别把杯肚、杯座以及蓝莓选取出来并填充白底。方便后续用"剪辑蒙版"功能上色，使颜色涂不出去。

步骤02 新建图层"剪辑蒙版"到杯肚白底，用"干水彩笔刷"选橘黄色平涂底部汽水，选紫色平涂上部汽水，两色之间需预留一点白色间隙，再用"涂抹工具"将色块中间过渡均匀，这样渐变的效果就出来了。

步骤03 继续用"干水彩笔刷"选紫色，降低一半透明度，把汽水表面涂出来。

步骤04 新建"正片叠底模式"图层"剪辑蒙版"，用"软湿边笔刷"继续选紫色和偏蓝一点的紫色，把汽水和冰块之间的深色加深，再用"涂抹工具"过渡。

步骤05 新建图层"剪辑蒙版"，用"干水彩笔刷"选白色，将水里的黄瓜片平涂白底，再选绿色平涂黄瓜表皮。用"软湿边笔刷"选浅绿色平涂果肉，再用"涂抹工具"将果肉边缘过渡柔和。

步骤06 新建图层"剪辑蒙版"到杯座白底，用"干水彩笔刷"选灰蓝色，将玻璃的暗面涂出来，选深灰蓝加深杯座边缘，用"涂抹工具"过渡部分边缘，再把图层"阿尔法锁定"，用"湿海绵笔刷"选灰紫色晕染混色。

步骤07 新建"正片叠底模式"图层"剪辑蒙版"，用"软湿边笔刷"选灰橘黄色将杯径投影加深，选浅橘色将汽水在杯座的投影点染出来，选深灰蓝继续加深杯座，最后整体边缘用"涂抹工具"过渡自然。

步骤08 新建图层，用"白墨笔刷"将签子涂白色实底。再新建图层"剪辑蒙版"，用米黄色平涂金属底色，用棕色加深暗面。

步骤09 新建图层"剪辑蒙版"到蓝莓白底，用"干水彩笔刷"选灰蓝色平涂，再用"湿海绵笔刷"选紫色晕染混色，选深蓝色把暗面晕染加深。

步骤10 新建"正片叠底模式"图层"剪辑蒙版",用"浓湿边笔刷"选灰蓝色,平涂色块加深明暗交界线,边缘用一点紫色平涂,最后再用"涂抹工具"过渡色块边缘,蓝莓颜色就上好了。

步骤11 新建图层,用"干水彩笔刷"选绿色将百里香平涂上色,"阿尔法锁定"图层,用"湿海绵笔刷"将叶子里边晕染蓝绿色。

步骤12 新建图层,用"干水彩笔刷"选灰蓝色,将杯口无汽水的玻璃平涂上色,用"涂抹工具"过渡边缘。用"白墨笔刷"选白色将杯口厚度涂出来,再用灰紫色加深杯口投影。

步骤13 新建"正片叠底模式"图层"剪辑蒙版"到杯肚白底,用"软湿边笔刷"选紫色,加深上部汽水边缘暗面,浅蓝色加深表面冰块暗面,再用"涂抹工具"过渡柔和。

步骤14 新建图层"剪辑蒙版"，用"干水彩笔刷"选白色，根据杯肚的造型将竖纹刻画出来，间距尽量均等。用"橡皮擦工具"选"湿海绵笔刷"把底部竖纹擦浅一点，使纹理更自然。

步骤15 新建"正片叠底模式"图层"剪辑蒙版"，吸取杯里汽水的颜色，沿着竖纹晕染出投影，可以随时调节笔刷不透明度，营造深浅变化效果。

步骤16 在"线稿图层"下方新建图层，用"白墨笔刷"选白色，把蓝莓、签子、汽水边缘和冰块的高光都表现出来。

步骤17 新建"正片叠底模式"图层"剪辑蒙版"到杯肚白底，用"软湿边笔刷"选橘黄色平涂色块，加深底部果肉，用"涂抹工具"过渡边缘，再用"湿海绵笔刷"选浅黄色晕染混色。

步骤18 在"线稿图层"下方新建图层，用"干水彩笔刷"选白色，以"C"的形式，刻画出明显的气泡，再用"小墨点笔刷"涂些小气泡。在气泡图层下方新建"正片叠底模式"图层，吸取汽水颜色把气泡投影表现出来，整个饮品绘制完成。

6.4 牛油果奶昔

口感丝滑的牛油果奶昔，搭配奶油雪顶，一款颜值清新的下午茶。

素材图

【线稿颜色】

【案例用色参考】

扫码观看视频

案例图

6.4.1 牛油果奶昔草图

【草图重点】

杯子整体造型上窄下宽，且杯底圆润，微俯视的角度，杯口为椭圆形，饮品的奶油雪顶可以用三角形来概括。

【草图步骤】

步骤01 打开"绘图指引"里的"网格"，将"网格尺寸"调到合适大小，辅助绘制草图造型更精准。

步骤02 在"草图图层"用"铅笔笔刷"选黑色画草图。用网格辅助定位宽高，用直线和弧线刻画出杯子和雪顶位置。杯子左右角度要一致，可以完成一边后复制一份，水平翻转放在另一边，这样角度都一样。

步骤03 刻画里面细节和装饰，可以用红色来涂饮品里面细节，这样能更好地区分后续画的线稿。草稿完成后关掉"网格"。

6.4.2　牛油果奶昔线稿

步骤01　将"草图图层"不透明度降低，"线稿图层"模式改为"正片叠底"。

步骤02　在"线稿图层"用"钢笔笔刷"选色卡里的棕色来绘制线稿。先勾勒出奶昔大轮廓，再细致刻画里面的细节。形状不明显的牛油果泥，可以用短虚线来概括，有弱化形状的效果。线稿完成后需隐藏"草图图层"。

6.4.3　牛油果奶昔上色

【上色重点】

奶油一层一层的立体感需要深浅变化明显才能突出，绘制的时候需着重处理。

【上色步骤】

步骤01　在"线稿图层"下方新建三个图层，分别用"手绘"选取工具把杯子、薄荷叶以及饼干框选出来并填充白色实底，方便后续用"剪辑蒙版"功能上色，使颜色涂不出去。

步骤02 在饼干白底上方新建图层"剪辑蒙版"，用"干水彩笔刷"选浅黄色和绿色平涂饼干。再新建"正片叠底模式"图层"剪辑蒙版"，用"软湿边笔刷"选灰绿色和浅绿色加深投影，使饼干有立体感。

步骤03 在杯子白底上方新建图层"剪辑蒙版"，用"干水彩笔刷"选嫩绿色平涂底部牛油果奶昔，降低笔刷一半透明度，再涂上部分奶昔，注意每一层之间边缘用"涂抹工具"过渡柔和。用"湿海绵笔刷"选浅米色晕染奶油区域，选浅蓝色晕染底部两边。

步骤04 新建图层"剪辑蒙版",用"软湿边笔刷"选深一点的绿色,平涂牛油果肉区域,接着"阿尔法锁定"图层,用"湿海绵笔刷"选黄绿色晕染果肉。

步骤05 新建"正片叠底模式"图层"剪辑蒙版",用"软湿边笔刷"选绿色平涂小色块,随时调整笔刷透明度,加深牛油果肉,再用"涂抹工具"过渡色块边缘,接着浅绿色平涂加深明暗交界线,再涂抹过渡。

步骤06 新建"正片叠底模式"图层"剪辑蒙版",用"软湿边笔刷"选浅黄色,把奶油褶皱投影平涂出来,再用"涂抹工具"过渡边缘,"阿尔法锁定"图层后,在右边暗面混入一点蓝灰色。

步骤07 继续新建"正片叠底模式"图层"剪辑蒙版",选橘黄色把奶油褶皱继续加深,奶油才更立体。

步骤08 在薄荷叶白底上方新建图层"剪辑蒙版",用"浓湿边笔刷"平涂绿色,用"湿海绵笔刷"给叶子亮部混入一点黄绿色,暗部混入一点蓝绿色,尖部混入一点浅粉色,丰富色调。

步骤09 新建"正片叠底模式"图层"剪辑蒙版",用"软湿边笔刷"吸取薄荷叶底色,把叶子脉络刻画出来。注意,越靠近叶子尖部越需要降低笔刷透明度,这样能体现深浅变化。

步骤10 在杯子白底上,新建"正片叠底模式"图层"剪辑蒙版",用"软湿边笔刷"选深点的米黄色继续加深奶油投影。

步骤11 新建"正片叠底模式"图层"剪辑蒙版",用"点点笔刷"选绿色给奶油雪顶涂上抹茶粉,再用"小墨点笔刷"在杯子奶昔部分涂一点,增加质感。

步骤12 新建图层，用"压力水彩笔刷"选白色把杯底两边反光晕染出来，再用"软湿边笔刷"选灰蓝色，加深玻璃杯底和玻璃杯口。

步骤13 在"线稿图层"下方新建图层，用"白墨笔刷"选白色，给整体加上高光。光是从左上角来的，那么整体高光也主要集中在左边。这样牛油果奶昔就绘制完成了。

6.5　小熊咖啡

自制了的一款可爱的小熊泡澡咖啡，只需要将凉的咖啡倒入小熊模具，放冰箱冷冻一晚上即可得到小熊，还可尝试不同颜色的咖啡，很有趣。

素材图

案例图

【线稿颜色】

【案例用色参考】

6.2.1 小熊咖啡草图

【草图重点】

　　杯子的细节比较复杂，特别是杯底的造型，刻画的时候需仔细观察特点。托盘的透视也有一定难度，注意倾斜角度，巧用网格、直线和椭圆来辅助绘制。

【草图步骤】

　　步骤01　打开"绘图指引"里的"网格"，把"网格尺寸"调到合适大小，辅助绘制草图造型更精准。

　　步骤02　在"草图图层"用"铅笔笔刷"选黑色绘制草图。利用网格辅助定位宽高，用椭圆和直线把玻璃杯的结构刻画出来，再用弧线把玻璃杯、冰块、小熊细节完善。

步骤03 用直线确定托盘的宽高和倾斜角度，托盘两边用弧线刻画出来，托盘的厚度也要刻画出来，最后再把勺子补充完整。草图绘制完成后关掉"网格"。

6.5.2 小熊咖啡线稿

步骤01 将"草图图层"不透明度降低，"线稿图层"模式改为"正片叠底"。

步骤02 在"线稿图层"用"钢笔笔刷"选色卡里的棕色来绘制线稿。先刻画杯子，再刻画勺子和托盘，线稿完成后需隐藏"草图图层"。

6.5.3 小熊咖啡上色

【上色重点】

咖啡的颜色比较灰，难以勾起人的食欲，所以绘制的时候，可以把咖啡的颜色选明亮些、温暖些的，看起来会更诱人。

【上色步骤】

步骤01 在"线稿图层"下方新建两个图层，分别用"手绘"选取工具将杯勺和托盘区域选取出来并填充白底，方便后续用"剪辑蒙版"功能上色，使颜色涂不出去。

步骤02 新建图层"剪辑蒙版"到杯勺白底，用"干水彩笔刷"选暖棕色，平涂杯里的咖啡底色，表面的咖啡颜色可以降低笔刷透明度平涂，要有深浅变化。再用"涂抹工具"将杯身咖啡边缘涂抹过渡。

步骤03 底色不够深，所以将图层复制了一份合并加深。再"阿尔法锁定"图层，用"湿海绵笔刷"混入一些浅黄色在左边亮面，中间用橘红色加重。

步骤04 新建"正片叠底模式"图层"剪辑蒙版"，用"软湿边笔刷"选更深一点的棕色，平涂色块加深咖啡的暗面，随时调节不透明度营造深浅不一的色块，较重的位置可以将颜色再调深一点上色，再用"涂抹工具"过渡部分边缘。

步骤05 新建图层"剪辑蒙版"，用"软湿边笔刷"选白色平涂出牛奶和冰块，再用"涂抹工具"过渡边缘。

步骤06 新建"正片叠底模式"图层"剪辑蒙版",用"软湿边笔刷"选灰蓝色,将玻璃画出来,再用深灰蓝加深玻璃暗面,用"涂抹工具"过渡边缘。"阿尔法锁定"图层,用"湿海绵笔刷"浅浅晕染一点咖啡的棕色。

步骤07 新建图层"剪辑蒙版",用"干水彩笔刷"选深一点的棕色,平涂小熊冰块,用"湿海绵笔刷"选橘黄色浅浅晕染小熊亮面。

步骤08 将小熊底色图层复制一份,模式调整为"正片叠底",用"橡皮擦"选"湿海绵笔刷",降低40%透明度,将小熊鼓出来的亮面都涂出来,增加立体感。

步骤09 新建"正片叠底模式"图层"剪辑蒙版",用"湿海绵笔刷"选深棕色,将小熊的暗面进一步加深,记得调整笔刷不透明度涂出深浅不一的颜色,边缘用"涂抹工具"过渡柔和,使它更立体。

步骤10 新建图层"剪辑蒙版"，用"干水彩笔刷"选土黄色平涂勺子，再用"湿海绵笔刷"选红棕色晕染加深勺子暗面。

步骤11 新建"正片叠底模式"图层，用"软湿边笔刷"选比勺子深一点的颜色，平涂加深勺子暗面，再用"涂抹工具"过渡边缘。

步骤12 新建图层"剪辑蒙版"到托盘白底，用"颗粒水彩笔刷"选浅黄色，一笔平涂托盘。再用"湿海绵笔刷"选深一点的黄色晕染加深托盘暗面。

步骤13 新建"正片叠底模式"图层"剪辑蒙版"。用"软湿边笔刷"选深一点的黄色，平涂出托盘暗面，以及勺子与杯子的投影。

步骤14 用"涂抹工具"过渡色块边缘，用"软湿边笔刷"选更深一点的黄色，平涂加深暗面和投影，再用"涂抹工具"过渡，使边缘柔和。

步骤15 新建"正片叠底模式"图层"剪辑蒙版"，用"压力水彩笔刷"吸取托盘颜色，把木头的纹理沿着托盘形状刻画出来，增加木头质感。

步骤16 在"线稿图层"下方新建图层，用"白墨笔刷"选白色，给整体加上高光，注意冰块边缘和小熊的高光处理位置，托盘木纹也可以加点细线高光。最后用"小墨点笔刷"在整体上涂一些白点。至此小熊咖啡绘制完成。

第 07 章

暖系水彩
治愈甜品

7.1　樱桃蛋糕

　　五月正是吃樱桃最好的季节，那么就用樱桃和酸奶做一个简单可爱的小甜品吧。

扫码观看视频

【线稿颜色】

【案例用色参考】

7.1.1　樱桃蛋糕草图

【草图笔刷】

【草图重点】

　　蛋糕整体形状是圆的，下边比上边要宽，加上俯拍角度，视觉上会显得下边更宽一点，绘制的时候可以把下边宽的这种特点夸张些，樱桃梗可以画弯曲，会显得更可爱。

【草图步骤】

步骤01 在"草图图层"用"铅笔笔刷"选黑色画草图。画一个椭圆形将蛋糕上边的区域框出来，再用直线将蛋糕两边的倾斜角度表现出来，弧线画出底部，底部弧线的角度尽量和上边的差不多，这样甜品的大轮廓就呈现出来了。

步骤02 用弧线把樱桃和酸奶加上，把蛋糕边缘弧度都仔细刻画。

7.1.2 樱桃蛋糕线稿

【线稿笔刷】

V酱喵-钢笔-线稿

【线稿步骤】

步骤01 将"草图图层"不透明度降低，"线稿图层"模式改为"正片叠底"。

步骤02 在"线稿图层"用"钢笔笔刷"选色卡里的棕色来绘制线稿。在画蛋糕和酸奶边缘的时候，线条可以稍微有起伏的手绘感，会显得更加柔软，有质感。表现樱桃光滑的质感时，线条可刻画得更加流畅一点。

7.1.3　櫻桃蛋糕上色

【上色笔刷】

【涂抹工具+笔刷】

【橡皮工具+笔刷】

【图层用到功能】

【常用综合色卡】

【上色重点】

　　将白色的酸奶画得立体，用环境色丰富酸奶色调，以及让樱桃变立体和水润高光的画法，都是这次上色的重点。

【上色步骤】

步骤01　在"线稿图层"下方新建一个图层，将蛋糕整体用"手绘"选取工具选取出来并填充白底，方便后续在白底上方新建图层用"剪辑蒙版"功能上色，使颜色涂不出去。

步骤02　新建图层"剪辑蒙版"到蛋糕白底，用"干水彩笔刷"选浅黄色平涂蛋糕表面，用"湿海绵笔刷"选白色，晕染提亮蛋糕亮面。用"干水彩笔刷"选橘黄色平涂蛋糕表面，用"湿海绵笔刷"选黄色晕染左边亮面。

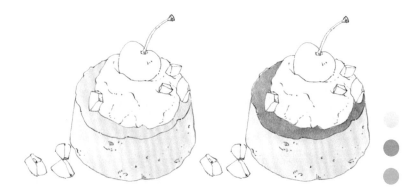

步骤03 新建"正片叠底模式"图层
"剪辑蒙版",用"湿海绵笔刷"选橘红色
晕染加深出表皮暗面。用"干水彩笔刷"
选浅黄色平涂色块加深蛋糕体上的明暗交
界线。

步骤04 再用"涂抹工具"过渡边
缘,用"小墨点笔刷"选浅黄色给蛋糕体涂
上墨点,增加蛋糕表面的蓬松质感。

步骤05 新建"正片叠底模式"图层"剪辑蒙版",用"干水彩笔刷"吸取蛋糕表面
的颜色平涂出投影,以同样的方式表现蛋糕体投影。

步骤06 新建图层，用"浓湿边笔刷"选红色，平涂出樱桃和果皮表面，浅黄色平涂果肉，绿色平涂梗。接着"阿尔法锁定"图层，用"湿海绵笔刷"选红色晕染果肉边缘，选浅蓝色浅浅晕染樱桃的暗面。

步骤07 新建"正片叠底模式"图层，用"软湿边笔刷"选红色，平涂加深樱桃暗面，再用"涂抹工具"过渡色块边缘，使樱桃更有立体感。

步骤08 新建图层，用"软湿边笔刷"选灰蓝色，平涂酸奶暗面投影，不明显的地方可降低笔刷透明度平涂，营造深浅变化效果。

步骤09 用"涂抹工具"过渡色块边缘，"阿尔法锁定"图层，用"湿海绵笔刷"在暗面浅浅混入一些浅紫色，再新建"正片叠底模式"图层，用"软湿边笔刷"选灰蓝色，将樱桃在酸奶上的投影平涂出来。

步骤10 在"线稿图层"下方新建图层，用"白墨笔刷"选白色，将樱桃酸奶以及蛋糕的高光都加上，再用"点点笔刷"给蛋糕表面涂一点糖粉效果。

步骤11 在最下方新建图层，用"干水彩笔刷"选灰紫色，将蛋糕投影平涂出来。投影后需用"涂抹工具"过渡柔和，"阿尔法锁定"图层，再用"湿海绵笔刷"吸取樱桃的红色浅浅晕染混入，增加环境色使其更自然。至此樱桃蛋糕绘制完成。

7.2 橙子蛋糕卷

橙子味道的蛋糕卷酸酸甜甜，清新而不腻。

【线稿颜色】

【案例用色参考】

素材图

案例图

扫码观看视频

7.2.1 橙子蛋糕卷草图

【草图重点】

蛋糕卷整体形状圆润，因放在桌面，蛋糕卷底部比较平滑，且拍摄角度倾斜，绘制的时候需要注意透视问题。

【草图步骤】

步骤01 在"草图图层"用"铅笔笔刷"选黑色绘制草图。用直线刻画出蛋糕卷倾斜角度和厚度，再用弧线将蛋糕卷圆形轮廓刻画出来。

步骤02 用弧线将卷起来的中间位置都表现出来。

步骤03 再将奶油和水果都勾勒出来，注意奶油的形状需跟着蛋糕卷的轮廓方向刻画。

步骤01 将"草图图层"不透明度降低，"线稿图层"模式改为"正片叠底"。

步骤02 在"线稿图层"用"钢笔笔刷"选色卡里的棕色来绘制线稿。奶油的细节比较多，需要跟着奶油纹路走向来刻画，不明显的地方可用虚线来表现。蛋糕卷表面可多用小笔触，增加质感。

【上色重点】

蛋糕卷想要看起来立体，明暗关系就得处理好。

【上色步骤】

步骤01 在"线稿图层"下方新建一个图层，把蛋糕卷用"手绘"选取工具选取出来并填充白底，方便后续在白底上方新建图层用"剪辑蒙版"功能上色，使颜色涂不出去。

步骤02 新建图层"剪辑蒙版"到蛋糕白底,用"干水彩笔刷"选浅黄色平涂蛋糕,复制一份图层把模式调整为"正片叠底",正面用"橡皮擦"选"硬边缘笔刷"擦掉,蛋糕卷明暗关系就明显了。

步骤03 新建图层,用"干水彩笔刷"选橘黄色,将橙子果肉以及表皮平涂上色,再用"涂抹工具"过渡表皮边缘。

步骤04 新建"正片叠底模式"图层,用"软湿边笔刷"吸取橙子颜色,平涂出果肉,以及加深暗面。

步骤05 新建图层,用"干水彩笔刷"选淡黄色平涂出奶油。"阿尔法锁定"图层,用"湿海绵笔刷"选白色提亮奶油亮面,暗面混入一些橘色。再新建"正片叠底模式"图层,用"软湿边笔刷"选灰紫色画出投影。

步骤06 新建图层，用"干水彩笔刷"选绿色平涂出叶子，枝杆用深绿色平涂。"阿尔法锁定"图层，用"湿海绵笔刷"选蓝绿色和粉色晕染叶子，丰富色调。

步骤07 新建"正片叠底模式"图层"剪辑蒙版"到蛋糕白底，用"软湿边笔刷"选黄色，平涂小色块晕染出蛋糕的质感，不明显的地方可降低笔刷透明度来绘制，再用"涂抹工具"过渡部分边缘。

步骤08 新建图层，用"软湿边笔刷"选白色平涂出蛋糕卷里面的奶油。

步骤09 新建"正片叠底模式"图层"剪辑蒙版"，用"软湿边笔刷"选橘黄色将蛋糕卷皮沿着纹路刻画出来。

步骤10 用深一点的黄色继续加深蛋糕的细节以及投影，用"涂抹工具"过渡部分边缘。

步骤11　在"线稿图层"下方新建图层，用"白墨笔刷"选白色，给蛋糕以及水果奶油加上高光，再用"小墨点笔刷"涂些白点。

步骤12　用"软湿边笔刷"选灰蓝色平涂出蛋糕投影，用"涂抹工具"过渡投影后边边缘，再"阿尔法锁定"图层，用"湿海绵笔刷"混入灰紫色以及淡黄色，丰富环境色。至此蛋糕卷就绘制完成了。

7.3　草莓可颂

对于甜品而言，草莓是最受欢迎的，可爱的造型，酸酸甜甜的味道，搭配精致，超美味。

【线稿颜色】

【案例用色参考】

素材图

案例图

7.3.1 草莓可颂草图

【草图重点】

　　可颂的表皮看着复杂不好绘制，但将结构先拆解分析后再画就不难了，可颂整体造型是
两头尖中间宽，可看成由两个三角形组成的四边形。

【草图步骤】

步骤01 在"草图图层"用"铅笔笔
刷"选黑色画草图。注意观察可颂的边缘倾
斜角度，用直线刻画出四边形，框出可颂的
大轮廓。

步骤02 用弧线画出可颂层次的位
置。从中间往左右两边画，每层之间都会有
凹陷和倾斜。

步骤03 前面的可颂画好后，再把草莓和奶油加上，接着把后边能看到的一点可颂加
上。装饰的绿植可以最后用红色画出来，方便区分。

7.3.2 草莓可颂线稿

步骤01 把"草图图层"不透明度降低,"线稿图层"模式改为"正片叠底"。

步骤02 在"线稿图层"用"钢笔笔刷"选色卡里的棕色来绘制线稿。在刻画可颂面包表皮的层时,明显的地方线条可以实一点,不太明显的地方用短虚线概括,这样面包的线稿就更有层次感。

7.3.3 草莓可颂上色

【上色重点】

可颂的表皮层次丰富,深浅变化多,表现表面焦香酥脆质感时,需要多保留笔触减少过渡。整体颜色可涂得饱和度高些,会让可颂看起来更美味。

【上色步骤】

步骤01 在"线稿图层"下方新建三个图层,用"手绘"选取工具把可颂面包、水果、叶子分别选取并填充白底,方便后续用"剪辑蒙版"功能上色,使颜色涂不出去。

步骤02 在水果白底上新建图层"剪辑蒙版",用"浓湿边笔刷"选红色平涂草莓,蓝色平涂蓝莓,每个水果尽量一笔平涂,减少出现笔触重叠颜色不均的情况。

步骤03 用"湿海绵笔刷"选浅粉色提亮草莓亮面,红色加重明暗交界线,暗面混入一点浅蓝色,浅紫色晕染蓝莓亮面,蓝色晕染蓝莓暗面,使水果整体色调丰富。

步骤04 新建"正片叠底模式"图层"剪辑蒙版",用"浓湿边笔刷"选红色加深草莓暗面,选蓝色加深蓝莓暗面,再用"涂抹工具"过渡,使边缘柔和。

步骤05 新建图层"剪辑蒙版",用"干水彩笔刷"选浅黄色点涂出草莓籽,在草莓籽下方新建"正片叠底模式"图层,选红色晕染出草莓籽和叶子之间的投影。

步骤06 新建图层"剪辑蒙版"到叶子白底,用"浓湿边笔刷"选绿色平涂底色,选深红棕色平涂叶子枝干,用"湿海绵笔刷"选浅蓝色晕染叶子尖部。

步骤07 新建图层"剪辑蒙版"到面包白底,用"颗粒水彩笔刷"选浅黄色平涂面包,用"湿海绵笔刷"选深一点的黄色晕染加深面包,烤焦黄的位置用橘红色加深,一定要有渐变的深浅变化。

步骤08 新建"正片叠底模式"图层"剪辑蒙版",用"软湿边笔刷"选浅橘黄色平涂加深面包烤焦的位置以及褶皱投影,没那么焦黄的地方可降低笔刷透明度平涂。

步骤09 用"涂抹工具"过渡部分色块边缘。

步骤10 新建"正片叠底模式"图层"剪辑蒙版",用"软湿边笔刷"选橘黄色继续加深面包暗部,再用"小墨点笔刷"涂点点增加面包质感。

步骤11 在面包白底下方新建图层，用"软湿边笔刷"选浅米色平涂奶油，吸取面包的颜色平涂出后边面包位置。

步骤12 新建"正片叠底模式"图层，选灰蓝色将奶油的投影都平涂出来。

步骤13 在"线稿图层"下方新建图层，用"白墨笔刷"选白色，将水果和面包的高光都涂出来，面包不明显的高光可降低笔刷透明度来表现，注意光是从左上方来的，所以投影主要集中在右边。

步骤14 用"点点笔刷"给草莓可颂整体涂上白糖粉效果。至此完成草莓可颂的绘制。

7.4　华夫饼

早上来一份简单快手的华夫饼，倒上酸奶，加上各种莓果装饰，好看又美味。

素材图

案例图

【线稿颜色】 ●

【案例用色参考】

扫码观看视频

7.4.1　华夫饼草图

【草图重点】

从俯视的角度，可看到一点饼的厚度，酸奶盖住的部分也能看到华夫饼的形状，都需要表现出来。

【草图步骤】

步骤01 在"草图图层"用"铅笔笔刷"选黑色绘制草图。用长方形勾勒出华夫饼的大轮廓。

步骤02 用直线把华夫饼的格子都刻画出来，厚度也用直线表现出来。

步骤03 用弧线刻画出水果和酸奶，酸奶上面的水果可以用红色来画，更好区分。

7.4.2　华夫饼线稿

步骤01　将"草图图层"不透明度降低，"线稿图层"模式改为"正片叠底"。

步骤02　在"线稿图层"用"钢笔笔刷"选色卡里的棕色来绘制线稿。先把华夫饼绘制出来，再绘制酸奶和水果，树莓的果肉也要绘制出来，让它有一粒粒的感觉。

7.4.3　华夫饼上色

【上色重点】

　　华夫饼的格子深浅颜色，是体现立体感的重点。树莓一粒粒果肉的质感也需要着重刻画。

【上色步骤】

　　步骤01　在"线稿图层"下方新建图层，用"浓湿边笔刷"选蓝色平涂全部蓝莓，"阿尔法锁定"图层，用"湿海绵笔刷"选紫色和浅蓝色晕染，丰富色调。

步骤02 新建"正片叠底模式"图层，用"软湿边笔刷"选蓝色，将蓝莓的暗面加深，再用"涂抹工具"过渡部分边缘。

步骤03 新建图层，选红色和暗红色平涂红树莓底色，"阿尔法锁定"图层，用"湿海绵笔刷"选深紫色和蓝色晕染，丰富色调。

步骤04 新建"正片叠底模式"图层，用"软湿边笔刷"选更深一点的红色和暗红色，点涂果肉之间，加深明暗交界线，用"涂抹工具"过渡部分边缘。

步骤05 用"软湿边笔刷"选浅粉色，将红树莓果肉一颗一颗点涂出来，再选更浅一点的浅粉色，点涂每颗果肉中间，选暗一点的浅紫色点涂深色树莓果肉。

步骤06 新建图层，用"干水彩笔刷"选黄色平涂华夫饼，用"湿海绵笔刷"选浅黄色晕染提亮，再用橘黄色加深华夫饼暗面。

步骤07 新建图层，用"浓湿边笔刷"选嫩绿色平涂薄荷叶，"阿尔法锁定"图层，用"软湿边笔刷"选绿色晕染加深绿叶。新建"正片叠底模式"图层，用"压力水彩笔刷"选绿色画出薄荷叶脉。

步骤08 新建"正片叠底模式"图层，用"软湿边笔刷"选黄色平涂加深华夫饼格子。

步骤09 再新建"正片叠底模式"图层，用橘红色和土黄色平涂加深格子深度。

步骤10 新建图层，用"颗粒水彩笔刷"选红色轻轻平涂出果酱底色，加重力度刻画出果酱深色位置，把果酱图层复制一份，模式调整为"正片叠底"，加深整个果酱。

步骤11 新建图层，用"软湿边笔刷"选灰蓝色平涂出酸奶暗面。

步骤12 用"涂抹工具"过渡部分边缘，把图层"阿尔法锁定"，用"湿海绵笔刷"选灰紫色和浅紫色晕染。再新建"正片叠底模式"图层，用"压力水彩笔刷"选灰紫色平涂出水果和叶子投影。

步骤13 在"线稿图层"下方新建图层添加高光，用"白墨笔刷"选白色，给水果、薄荷叶、华夫饼、酸奶、果酱加上高光。至此完成华夫饼的绘制。

7.5　无花果松饼

秋季限定的无花果松饼，颜值很赞。

素材图

案例图

【线稿颜色】

【案例用色参考】

7.5.1　无花果松饼草图

【草图重点】

松饼是一层一层地叠在一起的，形状都比较圆，但每张饼的厚度和大小都有区别，酸奶是淋在松饼上的，绘制的时候需要注意与松饼造型的关系。

【草图步骤】

步骤01 在"草图图层"用"铅笔笔刷"选黑色绘制草图。用一个圆柱形框出松饼宽高。

步骤02 用弧线刻画出每片松饼的厚度与大小，注意最下边的松饼比上边的都大些。

步骤03 酸奶和水果可以选红色来刻画，可以更好地和松饼形状区分开来。

7.2.2 无花果松饼线稿

步骤01 将"草图图层"不透明度降低，"线稿图层"模式改为"正片叠底"。

步骤02 在"线稿图层"用"钢笔笔刷"选色卡里的棕色来绘制线稿。松饼整体都是比较柔软的，线条尽量圆润流畅些，才不生硬。酸奶流淌下来的起伏形状需结合松饼厚度。

7.5.3 无花果松饼上色

【上色重点】

松饼的颜色是中间深边缘浅，且松饼整体的层次感丰富，要注意每张饼之间的投影刻画，使松饼更有立体感。无花果的果肉是一粒一粒的，要注意刻画质感。

【上色步骤】

步骤01 在"线稿图层"下方新建4个图层，用"手绘"选取工具将松饼、酸奶、无花果、蓝莓分别选取出来并填充白色实底，方便后续用"剪辑蒙版"功能上色，使颜色涂不出去。

步骤02 在松饼白底上新建图层"剪辑蒙版"，用"颗粒水彩笔刷"选浅黄色平涂整体。

步骤03 新建"正片叠底模式"图层"剪辑蒙版"，用"软湿边笔刷"平涂加深松饼暗面，再用"涂抹工具"过渡边缘。

步骤04 新建"正片叠底模式"图层"剪辑蒙版",用"湿海绵笔刷"选黄色晕染加深松饼表面,橘红色加深中间,再用"软湿边笔刷"加深松饼里面。

步骤05 用"涂抹工具"过渡边缘,可适当地保留部分笔触增加质感。

步骤06 新建"正片叠底模式"图层"剪辑蒙版",用"软湿边笔刷"选橘黄色继续加深每片松饼之间的投影,再用"涂抹工具"过渡部分边缘。

步骤07 新建图层"剪辑蒙版"到无花果白底,用"干水彩笔刷"选淡黄色、绿色、暗红色平涂表皮,用"软湿边笔刷"选粉色平涂果肉。

步骤08 新建"正片叠底模式"图层"剪辑蒙版",用"软湿边笔刷"选深点的红色,用小笔触将果肉的粒粒质感涂出来,注意中间深边缘浅,再用"涂抹工具"过渡部分边缘。

步骤09 新建图层"剪辑蒙版"到蓝莓白底，用"浓湿边笔刷"选蓝色平涂蓝莓，再用"湿海绵笔刷"选浅紫色和浅蓝色晕染混色。

步骤10 新建"正片叠底模式"图层"剪辑蒙版"，用"软湿边笔刷"选深点的蓝色加深蓝莓暗面，再用"涂抹工具"过渡部分边缘。

步骤11 新建图层"剪辑蒙版"到酸奶白底，用"软湿边笔刷"选灰蓝色平涂酸奶暗面。

步骤12 用"涂抹工具"过渡色块边缘，"阿尔法锁定"图层，用"湿海绵笔刷"选灰紫色和粉色晕染加深暗面，丰富环境色。

步骤13 再新建"正片叠底模式"图层，用"软湿边笔刷"选灰紫色加深酸奶与松饼之间的投影。

步骤14 在所有上色图层上方新建图层，用"干水彩笔刷"选蓝绿色平涂迷迭香，"阿尔法锁定"图层，再用"湿海绵笔刷"选粉色晕染叶子尖部。

步骤15 在"线稿图层"下方新建图层加高光，用"白墨笔刷"选白色，将酸奶、水果、松饼的高光都加上。再用"点点笔刷"给松饼涂上糖粉。至此完成无花果松饼的绘制。

第08章

暖系淡彩
味蕾盛宴

8.1　炸虾

没想到在一家烤肉店可以吃到特别好吃的炸虾，外酥里嫩。

素材图

案例图

【线稿颜色】●

【案例用色参考】

扫码观看视频

8.1.1　炸虾草图

【草图笔刷】 V晕染-铅笔-草图

【草图重点】

炸虾的形状很简单，比较细长，边缘不规则，绘制的时候需要把边缘特点把握好。

步骤01 在"草图图层"用"铅笔笔刷"选黑色绘制草图。用曲线将炸虾裹了面包糠的位置简单概括出来。

步骤02 处理炸虾边缘的起伏角度，再把虾尾简单刻画。

步骤03 炸虾表面的脆皮比较明显的地方可以用线条都表现出来，方便后续刻画，用直线刻画出筷子。

8.1.2 炸虾线稿

【线稿笔刷】 V铅笔·钢笔·线稿

【线稿步骤】

步骤01 将"草图图层"不透明度降低，"线稿图层"模式改为"正片叠底"。

步骤02 在"线稿图层"用"钢笔笔刷"选色卡里的棕色来绘制线稿。先把炸虾的大轮廓边缘起伏刻画出来，只需刻画几个明显的脆皮形状，用弧形的小短线和点点组合表现出表面凹凸不平的质感。线稿完成后需隐藏"草图图层"。

8.1.3 炸虾上色

【上色笔刷】

【涂抹工具+笔刷】 ✏ + [V脸喵-浅林过渡]

【橡皮工具+笔刷】 ✏ + [V脸喵-硬边缘-橡皮擦]

【图层用到功能】

【常用综合色卡】

【上色重点】

学会将不同的笔触、形状、大小组合在一起，营造出油炸类美食的酥脆质感。

【上色步骤】

步骤01 在"线稿图层"下方新建两个图层，分别用"手绘"选取工具将炸虾和筷子单独选取出来并填充白色实底，方便后续用"剪辑蒙版"功能上色，使颜色涂不出去。

步骤02 新建图层"剪辑蒙版"到炸虾白底，用"干水彩笔刷"选浅黄色整个平涂。

步骤03 用"湿海绵笔刷"选更深一点的黄色和橘黄色，晕染加深炸虾暗面。

步骤04 新建"正片叠底模式"图层"剪辑蒙版"，用"软湿边笔刷"选更深点的橘黄色，以小色块的形式平涂脆皮暗面，再用"涂抹工具"过渡部分边缘。

步骤05 新建"正片叠底模式"图层"剪辑蒙版"，用"软湿边笔刷"选橘红色平涂虾尾，再选更红一点的颜色，用"湿海绵笔刷"晕染加深虾尾。

步骤06 新建"正片叠底模式"图层"剪辑蒙版"，用"软湿边笔刷"选浅黄色平涂小色块，平涂出脆皮暗面，笔触一定要有大小区别。

步骤07 继续新建"正片叠底模式"图层"剪辑蒙版"，用橘粉色加深脆皮更深一点的位置，以及筷子在炸虾上的投影。

步骤08 新建图层，选米黄色平涂出脆皮鼓出来的位置，使炸虾更有立体感。

步骤09 新建图层"剪辑蒙版"到筷子白底，用"浓湿边笔刷"选灰蓝色平涂筷子，再用"湿海绵笔刷"选一个浅棕色晕染筷子暗面，丰富色调。

步骤10 再新建"正片叠底模式"图层"剪辑蒙版"，用灰紫色把筷子暗面平涂出来让它立体化。

步骤11 在"线稿图层"下方新建图层加高光，用"白墨笔刷"选白色，给炸虾以及筷子加上高光，注意炸虾的高光要有大有小。这样炸虾就绘制完成了。

8.2　芝士白玉丸子

素材图

扫码观看视频

弹性软糯的白玉丸子和香浓的芝士片一起烤，一口一个超满足。

【线稿颜色】●

【案例用色参考】

案例图

8.2.1　芝士白玉丸子草图

【草图重点】

　　虽然大部分丸子被芝士片挡住了，而且芝士片是柔软地贴着丸子，但绘制草图的时候还是要将丸子的结构刻画出来，再根据丸子的结构将芝士片加上，这样才自然和谐。

步骤01　在"草图图层"用"铅笔笔刷"选黑色绘制草图。每一串有4个丸子,可以用4个椭圆加一根直线刻画出大概轮廓。丸子是比较软的,所以形状不会那么圆,需要用弧线重新把造型调整自然。

步骤02　刻画好一串后复制一份挪到后边调整好角度,丸子的造型就绘制好了。

步骤03　选红色,用弧线画出盖在丸子上的芝士片,注意凹陷的角度要与丸子一致。

8.2.2　芝士白玉丸子线稿

步骤01　将"草图图层"不透明度降低,"线稿图层"模式改为"正片叠底"。

步骤02　在"线稿图层"用"钢笔笔刷"选色卡里的棕色来绘制线稿。丸子是比较柔软的,刻画的线条也要尽量流畅、圆滑。芝士片的厚度以及凹陷的区域可以用短虚线概括出轮廓。

8.2.3　芝士白玉丸子上色

【上色重点】

给芝士片上色时，加深位置都需依据丸子结构来加深，凸的地方浅，凹的地方深。加芝士高光也需有深浅变化，才能表现出光滑质感。

【上色步骤】

步骤01　在"线稿图层"下方新建两个图层，用"手绘"选取工具把丸子和芝士片分别选取出来并填充白色实底，方便后续用"剪辑蒙版"功能上色，使颜色涂不出去。

步骤02　在丸子白底上新建图层"剪辑蒙版"，用"干水彩笔刷"选很浅的淡黄色平涂底色，再用"湿海绵笔刷"选浅黄色晕染加深暗面，橘黄色加深烤焦的区域。

步骤03　新建"正片叠底模式"图层"剪辑蒙版"，用"软湿边笔刷"选深点的黄色加深烤焦的部分，用"涂抹工具"过渡部分边缘，再选橘红色加深中间烤焦区域。

步骤04 新建"正片叠底模式"图层"剪辑蒙版",用"软湿边笔刷"选灰紫色平涂出芝士片在丸子上面的投影。

步骤05 新建图层"剪辑蒙版"到芝士白底,用"浓湿边笔刷"选黄色平涂芝士,用"湿海绵笔刷"选浅黄色,提亮丸子鼓出来的亮面。

步骤06 芝士颜色不够深,所以把图层复制了一份,模式改为"正片叠底",加深颜色。

步骤07 新建图层,用"湿海绵笔刷"选更深一点的黄色,晕染加深芝士凹陷部分的暗面。

步骤08 新建"正片叠底模式"图层"剪辑蒙版",用"软湿边笔刷"颜色不变,平涂色块加深暗面,再选橘黄色平涂加深中间凹陷区域,用"涂抹工具"过渡部分边缘。

步骤09 新建图层，用"软湿边笔刷"选黄棕色平涂出竹签。再新建"正片叠底模式"图层，用同样的颜色加深竹签暗面。

步骤10 新建图层，用"小墨点笔刷"选绿色，给芝士涂上调料粉效果。

步骤11 在"线稿图层"下方新建图层，用"白墨笔刷"选白色加高光，先加上最亮的高光，再将笔刷透明度降低晕染出不太明显的高光，营造光滑质感。

步骤12 在最下方新建图层，用"软湿边笔刷"选灰蓝色平涂出整体的投影，用"涂抹工具"过渡部分边缘。再"阿尔法锁定"图层，用"湿海绵笔刷"在投影边缘混入一点浅黄色，完成芝士白玉丸子的绘制。

8.3　烤鸡腿

新买了烤箱，尝试在家做简单的烤鸡腿，外皮烤的焦黄香脆，内里肉质鲜嫩多汁，超有食欲。

素材图

案例图

【线稿颜色】

【案例用色参考】

8.3.1　烤鸡腿草图

【草图重点】

鸡腿是较大的"手枪"腿，肉多且厚，整体一定要饱满才会令人更有食欲。

【草图步骤】

步骤01 ：在"草图图层"用"铅笔
笔刷"选黑色绘制草图。鸡腿形状不规则，
可以用直线刻画多边
形确认鸡腿轮廓，注
意直线倾斜角度。

步骤02 用弧线细化鸡腿造型，将番
茄和迷迭香都加上，注意番茄要挡住一点
鸡腿。

8.3.2 烤鸡腿线稿

步骤01 将"草图图层"不透明度降
低，"线稿图层"模式改为"正片叠底"。

步骤02 在"线稿图层"用"钢笔笔
刷"选色卡里的棕色来绘制线稿。鸡肉纹路
不明显的地方可用短虚线概括，迷迭香叶子
较多，要注意叶子前后遮挡关系，线稿完成
后需隐藏"草图图层"。

8.3.3 烤鸡腿上色

【上色重点】

烧烤类的美食，在绘制烤焦香的位置，需注意深浅颜色的变化，越焦颜色越深，反之越浅。烤制过后表面都会有油脂反光，所以绘制的时候也要注意高光的深浅变化。

【上色步骤】

步骤01 在"线稿图层"下方新建两个图层，用"手绘"选取工具将鸡腿和番茄选取并填充白色实底，方便后续用"剪辑蒙版"功能上色，使颜色涂不出去。

步骤02 新建图层"剪辑蒙版"到鸡腿白底，用"干水彩笔刷"选浅黄色一笔平涂底色，再用"湿海绵笔刷"选更浅的淡黄色晕染提亮鸡腿。

步骤03 用"湿海绵笔刷"选深点的黄色晕染加深鸡腿暗面，选橘红色继续晕染加深表皮烤焦的部分。

步骤04 新建"正片叠底模式"图层"剪辑蒙版",用"软湿边笔刷"选浅橘色平涂色块加深烤焦区域,再用"涂抹工具"过渡部分边缘。

步骤05 新建"正片叠底模式"图层"剪辑蒙版",用"软湿边笔刷"选浅黄色加深鸡肉暗面,选浅橘色加深表皮,选浅棕色平涂鸡骨,选深棕色再加深。选红棕色加深烤焦区域,再用深红棕色将最焦的地方加深。

步骤06 用"涂抹工具"将色块边缘过渡,可适当保留一半笔触增加质感。

步骤07 新建"正片叠底模式"图层"剪辑蒙版",用"小墨点笔刷"选浅橘色给表皮涂上墨点增加质感,再用"软湿边笔刷"选深红棕色加深烤焦的中间部分。

步骤08 新建图层"剪辑蒙版"到番茄白底，用"浓湿边笔刷"选红色平涂番茄，选浅绿色平涂梗，再用"湿海绵笔刷"选玫粉色、浅蓝色、浅橘色晕染番茄，蓝绿色和粉红色晕染梗。

步骤09 新建"正片叠底模式"图层"剪辑蒙版"，用"软湿边笔刷"选深点的红色加深番茄暗面，绿色加深梗，再用"涂抹工具"过渡番茄边缘。

步骤10 新建图层，用"干水彩笔刷"选蓝绿色平涂迷迭香叶子，棕色平涂枝干。再新建"正片叠底模式"图层，用同样的颜色将迷迭香叶子暗面加深即可。

步骤11 在"线稿图层"下方新建图层加高光，用"白墨笔刷"选白色加上鸡腿以及番茄的高光，注意要先加明显的高光，再将笔刷透明度降低加不明显的地方，营造油光的感觉，用"涂抹工具"过渡部分边缘。

步骤12 在最下方新建图层，用"干水彩笔刷"选灰蓝色平涂出投影，"涂抹工具"过渡不明显的投影边缘。"阿尔法锁定"图层，用"湿海绵笔刷"选灰紫色、浅黄色、灰粉色，浅浅晕染投影边缘。至此烤鸡腿就绘制完成了。

8.4　牛肉拌面

每次路过小区门口的这家手工拉面馆，总被牛肉汤的香气吸引，忍不住进去吃一碗飘香四溢的拌面。

【线稿颜色】●
【案例用色参考】

8.4.1 牛肉拌面草图

【草图重点】

面条是绘制的难点，但把面条分成一块块的区域，再去细致刻画就会容易很多。

【草图步骤】

步骤01 在"草图图层"用"铅笔笔刷"选黑色绘制草图。用椭圆形把碗的大小轮廓勾勒出来。

步骤02 用直线把筷子画出来，再把夹着的面条和旁边的配菜都加上。

步骤03 用弧线将碗里的面条分块面刻画出大概走向，选红色刻画出香菜。

8.4.2 牛肉拌面线稿

步骤01 将"草图图层"不透明度降低，"线稿图层"模式改为"正片叠底"。

步骤02 在"线稿图层"用"钢笔笔刷"选色卡里的棕色来绘制线稿。先把卤蛋和香菜刻画出来，再从夹着的面条一点点往下绘制，面条先刻画出最上面突出的几根。

步骤03 细致刻画碗里的面条，根据分块区域，一个块面一个块面地刻画出来，注意层次关系，线稿完成后需隐藏"草图图层"。

8.4.3 牛肉拌面上色

【上色重点】

夹起来的面条是上色的重点，需着重刻画细节。碗虽然是黑的，但是不能用黑色来涂，颜色会单调，用深灰蓝来涂颜色会更自然。

【上色步骤】

步骤01 在"线稿图层"下方新建三个图层，用"手绘"选取工具将碗筷、面条、牛肉分别选取出来并填充白色实底，方便后续用"剪辑蒙版"功能上色，使颜色涂不出去。

步骤02 在面条白底上新建图层"剪辑蒙版"，用"干水彩笔刷"选米黄色一笔平涂底色。

步骤03 新建"正片叠底模式"图层"剪辑蒙版",用"软湿边笔刷"选黄色平涂有酱汁的面,酱汁少的地方可降低一半笔刷透明度来刻画。

步骤04 用"涂抹工具"过渡酱汁边缘,再用"橡皮擦"选"软湿边笔刷",将浅色面条涂出来,酱汁没拌均匀的感觉就表现出来了。

步骤05 新建"正片叠底模式"图层"剪辑蒙版",用"软湿边笔刷"选橘黄色,加深酱汁多的面条暗面,浅黄色加深无酱汁面条暗面。

步骤06 在牛肉白底上新建图层"剪辑蒙版",用"浓湿边笔刷"选绿色平涂香菜,浅粉色平涂牛肉,土黄色平涂卤蛋,用"湿海绵笔刷"选浅黄色晕染混色。

步骤07　新建"正片叠底模式"图层"剪辑蒙版"，用"软湿边笔刷"选土黄色加深卤蛋暗面，绿色加深香菜暗面，灰粉色加深牛肉暗面，再用"涂抹工具"过渡部分边缘。

步骤08　新建"正片叠底模式"图层"剪辑蒙版"，选暗粉色加深牛肉投影，再选更深一点的颜色继续加深，使牛肉层次感更丰富。

步骤09　在碗筷白底上新建图层"剪辑蒙版"，用"干水彩笔刷"选灰点的蓝色平涂碗筷。

步骤10　用"湿海绵笔刷"选浅灰蓝色、灰粉色提亮碗边缘，选浅黄色晕染面条环境色。

步骤11 新建"正片叠底模式"图层"剪辑蒙版",用"软湿边笔刷"选灰点的蓝色,将碗和筷子暗面平涂加深,再用"涂抹工具"过渡部分边缘。

步骤12 新建"正片叠底模式"图层"剪辑蒙版",继续平涂加深碗边缘暗面,再用"涂抹工具"过渡部分边缘。

步骤13 新建"正片叠底模式"图层"剪辑蒙版",用深紫色和浅灰蓝色继续加深碗边缘形状,用"涂抹工具"过渡边缘,碗就更有立体感了。

步骤14 在"线稿图层"下方新建图层,用"白墨笔刷"选白色给整体加上高光,不明显的地方可降低笔刷透明度来加,再用"涂抹工具"过渡碗里面高光边缘。至此牛肉面就绘制完成了。

8.5 红油馄饨

用上海的大馄饨做了一碗简单快手的红油馄饨，加点醋，撒上葱花芝麻，又香又辣又开胃。

【线稿颜色】

【案例用色参考】

扫码观看视频

8.5.1 红油馄饨草图

【草图重点】

　　为了让整体更丰富，增加了筷子和餐布。整体是俯视的角度，所以盘子看着是圆形的，注意餐布是叠得不规整错开的，且馄饨质感是柔软的，褶皱较多。

【草图步骤】

步骤01 在"草图图层"用"铅笔笔刷"选黑色绘制草图。用两个圆刻画出盘子和汤的大小。

步骤02 用直线刻画出餐布和筷子，再在筷子下加上筷托。

步骤03 用弧线刻画出馄饨形状，用红色刻画出葱花。

8.5.2 红油馄饨线稿

步骤01 将"草图图层"不透明度降低，"线稿图层"模式改为"正片叠底"。

步骤02 在"线稿图层"用"钢笔笔刷"选色卡里的棕色来绘制线稿。餐布和馄饨是柔软的,绘制的时候,线条要柔软流畅些,芝麻比较小,可以在馄饨上简单涂几颗就够了。线稿完成后需隐藏"草图图层"。

8.5.3 红油馄饨上色

【上色重点】

红油浅的地方是有些偏黄的,绘制的时候可适当混入黄色,丰富色调,增加食欲。高光是表现油质感的重要方式,需着重刻画。

【上色步骤】

步骤01 在"线稿图层"下方新建三个图层,用"手绘"选取工具将盘子、餐布、筷子选取并填充白色实底,方便后续用"剪辑蒙版"功能上色,使颜色涂不出去。

步骤02 新建图层"剪辑蒙版"到盘子白底，用"干水彩笔刷"选淡黄色平涂馄饨，用"湿海绵笔刷"选浅橘黄色加深暗面。

步骤03 新建图层"剪辑蒙版"，用"浓湿边笔刷"选浅黄色和浅橘黄色平涂加深馄饨暗面。

步骤04 新建"正片叠底模式"图层"剪辑蒙版"，继续用"浓湿边笔刷"选更深一点的黄色加深馄饨。

步骤05 新建"正片叠底模式"图层"剪辑蒙版"，用"软湿边笔刷"选橘红色平涂馄饨边缘的红油，再用"涂抹工具"过渡边缘。

步骤06 在馄饨图层下方新建图层，用"软湿边笔刷"选橘红色平涂红油汤，用"涂抹工具"将边缘过渡柔和。

步骤07 新建"正片叠底模式"图层"剪辑蒙版"，用"软湿边笔刷"选橘黄色平涂加深红油边缘，再用"涂抹工具"过渡边缘。

步骤08 新建"正片叠底模式"图层"剪辑蒙版"，用"浓湿边笔刷"选浅橘红色和橘黄色，平涂浅色红油和葱花、芝麻的投影，选橘红色平涂加深馄饨边红油，再用"涂抹工具"过渡边缘。

步骤09 新建"正片叠底模式"图层
"剪辑蒙版",用"干水彩笔刷"选深红色
平涂加深红油暗面,再用"涂抹工具"过渡
边缘。

步骤10 新建图层,用"白墨笔刷"
选浅绿色平涂出葱花,再用"橡皮擦"选
"湿海绵笔刷"擦浅泡在汤汁里的部分,
新建"正片叠底模式"图层"剪辑蒙版",
用"干水彩笔刷"选绿色将葱花暗面平涂
加深。

步骤11 新建图层"剪辑蒙版"到碗白
底,用"浓湿边笔刷"选灰点的蓝色和棕色刻
画出碗花纹。可以只刻画一半花纹,将它复制
一份,再垂直翻转调整位置,这样更便捷。

步骤12 新建图层"剪辑蒙版"到筷
子白底,用"干水彩笔刷"选浅棕色和黄色
平涂,新建"正片叠底模式"图层,用同样
的颜色加深筷子暗面。

步骤13 在筷子下方新建图层，用"干水彩笔刷"选灰蓝色平涂出筷子托暗面，灰紫色刻画出图案。新建图层"剪辑蒙版"到餐布白底，选浅蓝色刻画出条纹。

步骤14 新建"正片叠底模式"图层，用"干水彩笔刷"选深点的灰蓝色平涂碗、筷子、餐布的投影，阿尔法锁定"图层，在筷子左边混入浅黄色，再用"涂抹工具"过渡筷子投影边缘。

步骤15 在"线稿图层"下方新建图层加高光，用"白墨笔刷"选白色，将馄饨的高光加上，红油高光需沿着馄饨边缘涂，降低笔刷透明度选米色，用小点点涂出汤汁里的芝麻，这样红油馄饨就绘制完成了。

8.6　阳春面

几块钱一碗的清汤阳春面
味道却出乎意外的好，面条细
软汤底鲜香爽口。

【线稿颜色】

【案例用色参考】

8.6.1　阳春面草图

重点：先观察角度和特点，可以发现面条是前俯视的角度。碗呈现椭圆形状，且中间面条是露在外面，四周是汤底。那么，画的时候需要着重刻画露在外的面条，周围则弱化面条强调汤底。

很多新手看到面条都会觉得很复杂很难，草图线稿无从下手。其实只需要把面条简化，分成块面并排顺序1、2、3……来绘制就容易多了步骤01 在"草图图层"用"铅笔笔刷"选黑色画草图。画一个椭圆，确定面碗的形状角度，复制两个椭圆变形标出碗厚度和汤底位置后合并。

步骤02 用弧线画出露出汤表面的面条位置。根据面条的走向，简化分成一块一块的，用曲线画出面条走向位置就可以了。

8.6.2　阳春面线稿

重点：注意画线稿的层次感和虚实变化，面条的粗细也要均匀，间隙不能太宽，否则面条会变成宽面，阳春面是比较细的。

步骤01 把"草图图层"不透明度降低，"线稿图层"模式改为"正片叠底"。

步骤02 在"线稿图层"用"钢笔笔刷"选棕色来绘制线稿。先用短曲线一点点连接把碗的形状厚度画出来，线不用很流畅，有手绘感的曲线更生动，碗厚度线条要比外轮廓线细一点更有层次。汤汁的边缘用柔软的短线画出来，会更有实虚变化。

步骤03 从左到右，用流畅的曲线画面条，一个块面一个块面的填满，加上葱花。注意线条之间的间隙大小，块面小的方向线条间隙逐渐变小。泡在汤汁里的面条轮廓不明显，可用小断线和点点概括即可。画完线稿后需隐藏"草图图层"。

8.6.3 阳春面上色

重点：为了更突出面条，碗的颜色和花纹都修改成了蓝色，也让整体色调更丰富了。汤汁颜色也画的更偏红棕色，可以增加食欲感。汤面表面的高光较多，画的时候需仔细处理。

步骤01 在"线稿图层"下方新建两个图层，用"手绘"选取工具把碗和汤面分别选取出来填充白色实底，方便后续用"剪辑蒙版"功能上色，让颜色涂不出去。

步骤02　在汤面白底上新建图层并剪辑蒙版，用"湿海绵笔刷"选棕色、橘黄色和浅黄，把汤汁区域平涂上色，中间无汤的面条需预留出来，颜色边缘可用"涂抹工具"过渡自然。

步骤03　复制一份汤汁图层，图层模式调为"正片叠底"，在"阿尔法锁定"图层，继续用深红棕色平涂加深汤底。

步骤04　在汤颜色图层下方新建图层"剪辑蒙版"，用"湿海绵笔刷"先铺一层浅浅的黄，再擦出面条凸出来的浅色区域，用"软湿边笔刷"选黄棕色，把面条交叉重叠凹陷处，平涂小色块加深，再用"涂抹工具"过渡边缘。

步骤05　再新建图层，模式为"正片叠底"，用棕色加深面条重叠凹陷位置。注意加深区域要小于上次加深的一半，再用"涂抹工具"过渡边缘，增加面条层次感。

步骤06 在汤汁上方新建"正片叠底"模式图层"剪辑蒙版"，用"软湿边笔刷"选红棕色，平涂色块加深面条边缘汤汁，再用"涂抹工具"过渡色块边缘，记得保留50%的笔触，增加质感。

步骤07 新建图层"正片叠底"模式图层"剪辑蒙版"，用"湿海绵笔刷"选红棕和橘黄平涂加深汤汁，让色泽更浓。

干涂色块　涂抹过50%效果　实际运用

步骤08 "用"白墨笔刷"选浅绿色平涂出葱花颜色区域。"阿尔法锁定"葱花颜色区域，用"干水彩笔刷"选绿色加深葱花暗面。在葱花图层下方新建"正片叠底"图层，选深棕色画出葱花投影，营造洒在汤面上的感觉。

步骤09　新建图层"剪辑蒙版"到碗白底，用"干水彩笔刷"选深蓝色把碗边缘颜色画出来，再用"软湿边笔刷"选浅灰紫色给碗边缘加投影色块，用"涂抹工具"过渡边缘。

步骤10　新建"正片叠底"模式图层"剪辑蒙版"，选浅点的蓝色，给碗边缘加上条纹图案，可以画完上半部分，复制一份垂直反转角度，移到下方调整位置即可，这样更便捷。

步骤11　在"线稿图层"下方新建图层，用"干水彩笔刷"选浅米色，画小线条把面条边缘纹路画出来，"涂抹工具"过渡线条两头，丰富面条细节。

步骤12 最后在线稿下方新建图层，用"白墨笔刷"选白色画高光。先把汤边缘加高光，再用细小弧线画出汤面油花。降低"笔刷不透明度"画出不明显的反光更有层次感，至此阳春面就绘制完成了。

第 09 章

暖系淡彩
萌宠动物

9.1　猫咪与桃子

准备搬家收拾东西，翻到一年前给猫咪买的伊丽莎白圈，给它带上试了试，结果一脸呆样，特别萌。

素材图

案例图

【线稿颜色】

【案例用色参考】

扫码观看视频

9.1.1　猫咪与桃子草图

【草图笔刷】 V脸喵-铅笔-草图

【重点】

想要将猫咪画得可爱，那么脸和眼睛需画圆些、大些。

【草图步骤】

步骤01 在"草图图层"用"铅笔笔刷"选黑色绘制草图。用弧线简单刻画出猫咪和头套主体，接着再给猫咪头顶放一颗桃子。

步骤02 用直线框住猫咪绘制范围，再把头套图案和背景图案都加上。

9.1.2 猫咪与桃子线稿

【线稿笔刷】 V晗睡-钢笔-线稿

【线稿步骤】

步骤01 把"草图图层"不透明度降低，"线稿图层"模式改为"正片叠底"。

步骤02 在"线稿图层"用"钢笔笔刷"选色卡里的棕色来绘制线稿。先把边框画出来，接着刻画猫咪，注意毛发部分可以用长短不一的小短线表现出来，营造毛绒质感。线稿完成后需隐藏"草图图层"。

9.1.3 猫咪与桃子上色

【上色基础笔刷】

V脸喵-白墨-高光

V脸喵-干水彩-平涂

V脸喵-浓湿边-平涂

V脸喵-软湿边-平涂细节

V脸喵-湿海绵-晕染混色

【涂抹工具+笔刷】

【橡皮工具+笔刷】

【图层用到功能】

【常用综合色卡】

【上色重点】

　　猫咪柔软的毛发是绘制的难点，可以用细小笔触平涂，绘制的时候要有粗细变化，注意毛发要刻画得根部粗尖部细。

【上色步骤】

　　步骤01　在"线稿图层"下方新建两个图层，用"干水彩笔刷"选黄色和粉色，平涂眼睛和嘴巴。

　　步骤02　新建"正片叠底模式"图层，用"浓湿边笔刷"选红棕色，画出瞳孔和眼线，深棕色加深瞳孔，土黄色画出眼球投影，粉色加深嘴巴。再新建图层，用"白墨笔刷"选白色，给眼睛和鼻子加上高光。

步骤03 在眼睛下方新建图层，用"浓湿边笔刷"选浅灰紫，平涂加深猫咪毛发暗面，再用"涂抹工具"过渡色块边缘，用"湿海绵笔刷"选粉色晕染出脸部和耳朵红晕。

步骤04 在眼睛上方新建"正片叠底模式"图层，用"软湿边笔刷"选灰蓝色，以小笔触的形式平涂脸部毛发。

步骤05 新建"正片叠底模式"图层，用"软湿边笔刷"选深点的灰蓝色，以小笔触的形式加深深色毛发，浅灰蓝色加深白色毛发，注意笔触要根部粗尖部细。

步骤06 在猫咪下方新建图层，用"手绘"选取工具把伊丽莎白圈框选出来填充白色实底。再新建图层"剪辑蒙版"，用"干水彩笔刷"选浅粉色平涂底色。

步骤07 新建图层"剪辑蒙版",用"干水彩笔刷"选粉色和橘黄色平涂爱心图案,颜色浅的可降低笔刷透明度平涂,图案要有大有小且方向不一。

步骤08 再新建"正片叠底模式"图层"剪辑蒙版",用"干水彩笔刷"选深粉色、绿色丰富图案,选浅粉色平涂头套暗面,灰紫色晕染出猫咪投影。

步骤09 新建图层,用"干水彩笔刷"选粉色和绿色平涂桃子,花朵选蓝色和黄色平涂,"阿尔法锁定"图层,用"湿海绵笔刷"选浅黄色晕染桃子。

步骤10 新建"正片叠底模式"图层,用"干水彩笔刷"选粉色和绿色,加深桃子和叶子。

步骤11 最下方新建图层，用"干水彩笔刷"选浅黄色平涂一半背景，最后在"线稿图层"下方新建图层，用"白墨笔刷"选白色，给猫咪、头套和桃子加上高光。笔刷调小，画出猫咪白毛，完成绘制。

9.2 鸭子与向日葵

在上海路边的一个窗户拍到的一组鸭子摆件，觉得特别有趣，像是一家三口去向日葵花园玩耍度假的感觉。

素材图

案例图

【线稿颜色】⬤

【案例用色参考】

9.2.1 鸭子与向日葵草图

【草图重点】

三只鸭子都是站着伸脖子朝下的姿势，每只的角度和形态都有区别，绘制的时候需要区分。向日葵的每朵花形状也都是不一样的。

【草图步骤】

步骤01 在"草图图层"用"铅笔笔刷"选黑色绘制草图。先用直线刻画出墙面的角度，再用弧线将第一只鸭子刻画出来。

步骤02 每只鸭子大小都不一样，脖子的长度也不一样，刻画的时候需注意角度。

步骤03 鸭子完成后再刻画向日葵，向日葵只需刻画出大概位置和高度即可。

9.2.2 鸭子与向日葵线稿

步骤01 将"草图图层"不透明度降低，"线稿图层"模式改为"正片叠底"。

步骤02 在"线稿图层"用"钢笔笔刷"选色卡里的棕色来绘制线稿。先刻画鸭子主体，身上的毛用短虚线概括即可，再给每只鸭子加上配饰，使它们看起来更像一家三口。最后把向日葵加上。线稿完成后需隐藏"草图图层"。

9.2.3 鸭子与向日葵上色

【上色重点】

鸭子虽然是白毛，但绘制的时候可以用灰蓝色给暗面上色，让它更有立体。

【上色步骤】

步骤01 在"线稿图层"下方新建图层，用"干水彩笔刷"选浅灰蓝平涂鸭子暗面，选浅黄色平涂混色，再用"涂抹工具"过渡柔和。

步骤02 新建"正片叠底模式"图层，用"干水彩笔刷"选浅灰蓝加深鸭子暗面，黄色、橘红色、深红棕色、浅蓝色、红色、粉色平涂鸭子细节。再新建"正片叠底模式"图层，用同样的颜色加深帽子、头巾、包包暗面。

步骤03 新建图层，用"干水彩笔刷"选绿色平涂向日葵叶子，"阿尔法锁定"图层，用"湿海绵笔刷"选蓝绿色晕染叶子暗面，黄绿色提亮，再混入浅蓝色和粉色，丰富色调。

步骤04 新建"正片叠底模式"图层，用"软湿边笔刷"选绿色加深叶子暗面，用"涂抹工具"过渡部分边缘。

步骤05 新建图层，用"干水彩笔刷"选黄色平涂向日葵花瓣，深红棕色平涂花蕊。再新建"正片叠底模式"图层，用"软湿边笔刷"选深红棕色和橘黄色，加深花朵暗面。

步骤06 在鸭子下方新建图层，用"手绘"选取工具把鸭子框选出来，填充白色实底，方便后续墙壁上色，使颜色不影响鸭子的效果。

步骤07 在下方新建图层，用"干水彩笔刷"选灰紫色平涂墙面，"阿尔法锁定"图层，用"湿海绵笔刷"选浅灰紫色、浅灰蓝色、浅黄色、粉色晕染混色。

步骤08 把图层复制一份，模式调整为"正片叠底"，用"橡皮擦"选"硬边缘笔刷"将上边墙面擦出来，再用"湿海绵笔刷"将底部边缘擦浅。

步骤09 新建"正片叠底模式"图层，用"干水彩笔刷"选深灰蓝色，画出三只鸭子在墙面的投影，用"涂抹工具"过渡投影边缘。

步骤10 用"大墨点笔刷"选浅蓝色、灰蓝色、灰紫色涂墨点，再用"小墨点笔刷"涂一些细碎的墨点，丰富墙面。

步骤11 在最上方新建图层，用"白墨笔刷"选白色给整体加上高光，再用"小墨点笔刷"涂一些白点高光。至此，鸭子与向日葵绘制完成。

9.3　兔子与郁金香

一直很喜欢郁金香，所以把兔子和郁金香组合在一起，加上编织篮和气球，春日野餐氛围感就出来了。

素材图

素材图

【线稿颜色】

【案例用色参考】

扫码观看视频

案例图

9.3.1　兔子与郁金香草图

【草图重点】

　　兔子挡住了部分篮子，绘制的时候先画兔子再画篮子及篮子里的东西。

【草图步骤】

步骤01 在"草图图层"用"铅笔笔刷"选黑色绘制草图。用弧线简单刻画出兔子，兔子身体可以表现得胖点，会显得更可爱。

步骤02 用直线简单画出篮子结构，篮子角度是往左倾斜的，绘制的时候，篮子和提手倾斜角度要一致。

步骤03 篮子绘制完成后调整篮子里花束的和包装纸，花改为郁金香，注意每朵花高度都不一致。最后再把气球简单刻画出来就可以了。

步骤01　将"草图图层"不透明度降低，"线稿图层"模式改为"正片叠底"。

步骤02　在"线稿图层"用"钢笔笔刷"选色卡里的棕色来绘制线稿。兔子用长短不一的短线刻画出毛绒质感。篮子用一排一排的短线组合一起刻画出编织条。线稿完成后需隐藏"草图图层"。

【上色重点】

白色的兔子，依旧用灰蓝色涂出暗面增加立体感，篮子的线稿很细致了，所以简单涂出篮子暗面就能表达出质感。

步骤01　在"线稿图层"下方新建图层，用"干水彩笔刷"选浅灰蓝色，平涂兔子暗面，浅粉色平涂耳朵和后脚，再用"涂抹工具"过渡边缘。

步骤02 新建"正片叠底模式"图层，用"软湿边笔刷"选暗红色点涂兔子眼睛，浅灰紫色、浅粉色平涂小笔触，加深兔子毛发暗面，再用"涂抹工具"过渡边缘。

步骤03 新建图层，用"干水彩笔刷"选浅棕色、红色平涂篮子，"阿尔法锁定"图层，用浅黄色晕染编织篮盖子。

步骤04 新建"正片叠底模式"图层，用"软湿边笔刷"选黄棕色平涂篮子编织条，翻盖位置用深一点的黄棕色平涂加深，用少量深点的棕色加深编织条之间。

步骤05 新建图层，用"干水彩笔刷"选浅灰蓝色平涂丝带暗面，选浅黄色平涂包装纸，再"阿尔法锁定"图层，用"湿海绵笔刷"在包装纸暗面混入浅蓝色。

步骤06 新建图层，用"干水彩笔刷"选粉色和绿色平涂郁金香，用"涂抹工具"过渡花朵，"阿尔法锁定"图层，用"湿海绵笔刷"在暗面混入浅紫色和浅蓝色。

步骤07 新建"正片叠底模式"图层，用"干水彩笔刷"选绿色、粉色、黄色加深花束暗面。

步骤08 新建图层，用"干水彩笔刷"选粉色和黄色平涂气球，"阿尔法锁定"图层，用"湿海绵笔刷"将粉色气球暗面混入深点的粉色，整体暗面混入浅蓝色。

步骤09 新建"正片叠底模式"图层，用"软湿边笔刷"选黄色和粉色平涂加深气球暗面，再用"涂抹工具"过渡边缘。

步骤10 在"线稿图层"下方新建图层，用"白墨笔刷"选白色，给整体加上高光，降低笔刷透明度，给气球两边加上反光，再用"小墨点笔刷"涂一些白点。

步骤11 在最下方新建图层，用"干水彩笔刷"选灰蓝色平涂投影，用"涂抹工具"过渡投影后边以及部分边缘，"阿尔法锁定"图层，用"湿海绵笔刷"混入主体环境色，完成绘制。

9.4 刺猬与蘑菇

素材图

准备绘制刺猬的时候，正好是采各种蘑菇的季节，看到牛肝菌的造型特别可爱，胖乎乎的，把它与刺猬组合一起画。

【线稿颜色】 ●

【案例用色参考】

案例图

9.4.1 刺猬与蘑菇草图

【草图重点】

　　刺猬的脸是三角形的，身体比较圆润，后背有很多毛刺。

【草图步骤】

　　步骤01 在"草图图层"用"铅笔笔刷"选黑色绘制草图。用直线刻画出刺猬的大概轮廓。

步骤02 用弧线细化刺猬造型，小笔触刻画出毛刺。

步骤03 将蘑菇和草地都刻画出来，草地也简单地用直线概括轮廓。

9.4.2 刺猬与蘑菇线稿

步骤01 将"草图图层"不透明度降低，"线稿图层"模式改为"正片叠底"。

步骤02 在"线稿图层"用"钢笔笔刷"选色卡里的棕色来绘制线稿。刻画刺猬、草地时，用长短不一的小短线概括即可。线稿完成后需隐藏"草图图层"。

9.4.3 刺猬与蘑菇上色

【上色重点】

蘑菇是棕色调的，为了和刺猬颜色区分开来，色调会涂得更偏红棕色，饱和度也更高些。刺猬的毛刺可以多用小笔触来表现质感。

步骤01 在"线稿图层"下方新建四个图层，用"手绘"选取工具将刺猬、小蘑菇、大蘑菇、叶子选取出来，分别填充白色实底，方便后续用"剪辑蒙版"功能上色，使颜色涂不出去。

步骤02 新建图层"剪辑蒙版"到刺猬白底，用"湿海绵笔刷"选淡黄色、浅粉色、黄棕色晕染。

步骤03 新建"正片叠底模式"图层"剪辑蒙版"，用"干水彩笔刷"选深红棕色平涂眼睛和鼻子，粉色平涂脸部和肚子。用"软湿边笔刷"选棕色，以小笔触顺着毛刺的生长方向平涂，注意随时调整笔刷不透明度，营造深浅变化。

步骤04 用"涂抹工具"过渡整体，注意保留部分笔触，增加质感。

步骤05 新建"正片叠底模式"图层"剪辑蒙版"，用"软湿边笔刷"调小，选棕色，顺着毛刺的生长方向把毛刺一根根地画出来，注意根部粗，尖部细。

步骤06 新建图层"剪辑蒙版"到小蘑菇白底，用"湿海绵笔刷"选黄色晕染底部，选橘黄色、红棕色、红色晕染加深蘑菇和浆果，浅蓝色晕染暗面。

步骤07 新建"正片叠底模式"图层"剪辑蒙版"，用"软湿边笔刷"选红棕色加深蘑菇顶部。

步骤08 新建图层"剪辑蒙版"到大蘑菇白底，用"湿海绵笔刷"选浅黄色晕染整体，再选黄色、红色及红棕色，晕染加深蘑菇，暗面混入一点浅蓝色。

步骤09 新建"正片叠底模式"图层"剪辑蒙版"，用"软湿边笔刷"选黄棕色、灰黄色平涂加深蘑菇暗面。

步骤10 用"涂抹工具"过渡边缘，再用"小墨点笔刷"涂墨点增加质感。新建图层，用"干水彩笔刷"选浅米色将蘑菇破了的缺口涂出来。

步骤11 在最下方新建图层，用"矩形选取工具"框选出草地的上色区域，填充白底。

步骤12 新建图层"剪辑蒙版"，用"软湿边笔刷"选浅绿色平涂底色，用"湿海绵笔刷"选浅黄色晕染，再新建"正片叠底模式"图层"剪辑蒙版"，用"软湿边笔刷"选浅绿色、蓝绿色平涂加深草地。

步骤13 用"涂抹工具"过渡草地色块边缘，使整体柔和。

步骤14 新建图层"剪辑蒙版"到叶子白底，用"干水彩笔刷"选绿色平涂叶子，"阿尔法锁定"图层，用"湿海绵笔刷"选蓝绿色、粉色晕染叶子暗部和尖部。

步骤15 新建"正片叠底模式"图层，用"湿海绵笔刷"以长短不一的小笔触，选绿色由浅到深画出部分小草，依旧是根部粗尖部细。

小草画法

步骤16 在"线稿图层"下方新建图层，用"白墨笔刷"选白色，将刺猬的毛刺和草地加上细小高光，一定要顺着其生长的方向来加。

步骤17 画出蘑菇的大高光，用"小墨点笔刷"选白色，给整体涂上一些白点增加质感。至此，刺猬与蘑菇绘制完成。

第 10 章

暖系淡彩
市场小景

10.1　花架

　　在逛上海花鸟市场的时候，看到好多家花店门口都有木质的花架子，上边摆些多肉，中间挂着盆栽，地面则摆满大盆栽。

【线稿颜色】●

【案例用色参考】

素材图

素材图

案例图

10.1.1　花架草图

【草图笔刷】　✓脑嘟·铅笔·草图

【草图重点】

　　素材花架的左边比较空旷，构图不够饱满，所以在左边加了两盆植物，丰富构图，画面不一定要和素材图一样，可以增减自己喜欢的元素。

【草图步骤】

步骤01　打开"绘图指引"的"网格"功能，调到合适大小，辅助抓形更精准。

步骤02　在"草图图层"用"铅笔笔刷"选黑色绘制草图。用直线刻画出矩形，将花架的大框架勾勒出来，用直线刻画出木板的大小和厚度，再用弧线把小盆栽刻画出来。

步骤03 用弧线刻画出地面盆栽和台阶，再选红色刻画出挂着的盆栽，这样更容易区分，方便后续画线稿。草图完成后关掉"网格"。

10.1.2 花架线稿

【线稿笔刷】

【线稿步骤】

步骤01 将"草图图层"不透明度降低，"线稿图层"模式改为"正片叠底"。

步骤02 在"线稿图层"用"钢笔笔刷"选色卡里的棕色来绘制线稿。要注意每盆植物的特点，用不同的线条来表现，这样才有区别。线稿完成后需隐藏"草图图层"。

10.1.3 花架上色

【上色笔刷】

【涂抹工具+笔刷】

【橡皮工具+笔刷】

【图层用到功能】

【常用综合色卡】

【上色重点】

　　木头材质都会有木头纹理需要刻画。在画细小的盆栽时，可以简单平涂上色，而前面明显突出的区域需要着重刻画细节。

【上色步骤】

步骤01 在"线稿图层"下方新建图层，用"干水彩笔刷"选浅黄色平涂出木板底色，将图层复制几份并合并，"阿尔法锁定"合并图层，填充白色实底，将底色"剪辑蒙版"到白底。

步骤02 用"湿海绵笔刷"选深点的黄色和红棕色，晕染加深木板暗面。

步骤03 新建"正片叠底模式"图层"剪辑蒙版"，用"干水彩笔刷"选浅橘黄色和棕色，加深木板纹理和暗面，用"涂抹工具"过渡部分边缘。

步骤04 新建"正片叠底模式"图层"剪辑蒙版",用"干水彩笔刷"选浅黄色,平涂出花盆在木板上的投影,再用"涂抹工具"过渡投影边缘。

步骤05 新建图层,用"干水彩笔刷"选浅棕色,平涂上边木板,棕色平涂暗面,盆栽的投影也要加深。继续选红棕色平涂挂着的花架,选深红棕色加深暗面。

步骤06 新建图层,用"干水彩笔刷"给小盆栽上色,绿色可以用黄绿色和蓝绿色来区分不同植物。再新建"正片叠底模式"图层,吸取植物的颜色加深暗面,西瓜籽和五官用深红棕色来涂。

步骤07 新建图层，用"干水彩笔刷"选绿色平涂盆栽，"阿尔法锁定"图层，用"湿海绵笔刷"选深点的绿色晕染暗面。

步骤08 新建"正片叠底模式"图层，用"软湿边笔刷"吸取底部的绿色，平涂加深植物暗面，再选深点的绿色点涂加深，增加质感。

步骤09 新建图层，用"干水彩笔刷"选红色平涂花朵，用"白墨笔刷"选绿色平涂长的枝条。

步骤10 新建图层，用"干水彩笔刷"选绿色平涂地面绿植，每个绿植的品种不一样，颜色也要有变化。"阿尔法锁定"图层，再用"湿海绵笔刷"选蓝绿色晕染暗面，浅粉色晕染亮面。

步骤11 新建"正片叠底模式"图层，用"软湿边笔刷"选红色平涂花朵，再选绿色平涂小色块加深绿植暗面，用"涂抹工具"过渡部分边缘。

步骤12 新建图层，用"浓湿边笔刷"选黄棕色和红棕色平涂花盆，再新建"正片叠底模式"图层，吸取花盆颜色加深暗面。

步骤13 在下方新建图层，用"浓湿边笔刷"选灰紫色平涂地面，灰蓝色平涂高度，灰黄色平涂石块，用"涂抹工具"过渡地面后面边缘。"阿尔法锁定"图层，用"湿海绵笔刷"在暗面混入红色以及浅蓝色。

步骤14 新建"正片叠底模式"图层，用"干水彩笔刷"选蓝灰色、灰黄色加深地面
和石块投影。

步骤15 在下方新建图层，用"干水彩笔刷"选灰蓝色平涂地面投影，"阿尔法锁
定"图层，用"湿海绵笔刷"晕染花架颜色，丰富投影环境色。

步骤16 在"线稿图层"下方用"白墨笔刷"选白色，给整体边缘加上高光，再用
"小墨点笔刷"涂一些白点增加质感。至此，花架就绘制完成了。

10.2 编织花盆

这是在上海的花鸟市场拍到的一角，是三种材质款式不一样的花盆。

【线稿颜色】

【案例用色参考】

10.2.1 编织花盆草图

【草图重点】

　　素材图中有的花盆摆得正，有的摆得倾斜，绘制的时候要注意每个花盆的角度透视。每个花盆的植物都不一样，编织篮的花卉叶子细长，类似草，而右边的花是大片叶子和一团的形状。

【草图步骤】

步骤01 在"草图图层"用"铅笔笔刷"选黑色绘制草图。用矩形和直线简单概括花篮轮廓。

步骤02 花盆画好后，用弧线刻画出编织篮的花卉，花朵数量简单圈出来即可。

步骤03 继续用弧线刻画细节，特别是编织篮的细节需要着重细化，方便后续画线稿。

10.2.2 编织花盆线稿

步骤01 将"草图图层"不透明度降低，"线稿图层"模式改为"正片叠底"。

步骤02 在"线稿图层"用"钢笔笔刷"选色卡里的棕色来绘制线稿。编织篮的编织
纹路都不一样，刻画的时候线稿要有区别，且编织篮的花卉叶子细长，类似草，线稿要画得
细长柔软。线稿完成后需隐藏"草图图层"。

10.2.3 编织花盆上色

【上色重点】

编织花盆和水泥花盆的上色方式是不一样的，编织的要注意保留笔触，增加质感，而水
泥的简单晕染过渡即可。

【上色步骤】

步骤01 在"线稿图层"下方新建图层，用"干水彩笔刷"选浅黄色、黄色、浅灰紫色平涂三个花盆。

步骤02 "阿尔法锁定"图层，用"湿海绵笔刷"选橘黄色、浅蓝色、浅黄色晕染混色花盆。

步骤03 新建"正片叠底模式"图层，用"软湿边笔刷"选棕色、黄色、灰蓝色平涂加深花盆，注意编织篮需根据藤条走向来加深暗面，再用"涂抹工具"过渡边缘。

步骤04 新建图层，用"干水彩笔刷"选粉色、红色、紫色和浅绿色平涂出花朵，灰蓝色和棕色平涂标签装饰。新建"正片叠底模式"图层，吸取花朵颜色加深暗面。

步骤05 新建图层，用"干水彩笔刷"选绿色平涂花篮的绿叶，新建"正片叠底模式"图层，选深点的绿色加深绿叶投影。

步骤06 新建图层，用"干水彩笔刷"继续选不同的绿色平涂植物，红掌花选黄色和红色平涂。"阿尔法锁定"图层，用"湿海绵笔刷"将叶子亮面混入黄绿色，暗面混入蓝绿色。

步骤07 新建"正片叠底模式"图层，用"干水彩笔刷"选浅黄色和红色加深红掌花，再吸取植物绿色加深暗面。

步骤08 新建图层，用"干水彩笔刷"选红棕色平涂花盆泥土，紫色平涂花朵，再新建"正片叠底模式"图层，用灰蓝色加深手提袋花盆。

步骤09 在最下方新建图层，用"软湿边笔刷"选灰蓝色平涂出投影，用"涂抹工具"过渡部分边缘，"阿尔法锁定"图层，用"湿海绵笔刷"吸取盆栽颜色，混入浅黄色、浅紫色环境色。

步骤10 在"线稿图层"下方新建图层，用"白墨笔刷"选白色，将花篮整体高光都加上，注意花篮编织条的高光要跟随藤条走向来加，再用"小墨点笔刷"涂些点白点完成绘制。

10.3　自行车

路过一个小区门口，看到了这辆停放在树荫下的自行车，斑驳的树干和复古的自行车格外地搭。

【线稿颜色】
【案例用色参考】

素材图

案例图

10.3.1　自行车草图

【草图重点】

　　从侧向视角拍摄的，自行车整体向右微微倾斜，靠着树干，绘制的时候需要注意透视关系，右边树叶有些杂乱，所以靠近车轮的叶子可以删减。

【草图步骤】

步骤01 在"草图图层"用"铅笔笔刷"选黑色绘制草图。先用椭圆刻画出前面车轮,用直线确定倾斜角度。

步骤02 用直线刻画出轮子高度,用椭圆将后车轮概括出来,接着用弧线把自行车绘制完整。

步骤03 自行车绘制完成后,再将后面树干画出来,注意与自行车的遮挡关系,再用绿色将树叶简单地刻画出来。

10.3.2　自行车线稿

步骤01 将"草图图层"不透明度降低，"线稿图层"模式改为"正片叠底"。

步骤02 在"线稿图层"用"钢笔笔刷"选色卡里的棕色来绘制线稿。在绘制车篮和树干时，可以多用小短线绘制增加质感，线稿完成后需隐藏"草图图层"。

10.3.3　自行车上色

【上色重点】

　　树干的斑驳质感，要注意笔触的平涂和过渡，要使质感明显，需多保留色块笔触，减少过渡。

【上色步骤】

步骤01 在"线稿图层"下方新建图层，用"干水彩笔刷"选深灰蓝色平涂车轮，淡黄色平涂车架，"阿尔法锁定"图层，用"湿海绵笔刷"选粉色晕染车轮。

步骤02 新建图层，用"干水彩笔刷"选橘红色、浅灰蓝色、浅灰色平涂其他配件，"阿尔法锁定"图层，用"湿海绵笔刷"选粉色和浅灰紫色晕染车篮。

步骤03 新建"正片叠底"模式图层，用"干水彩笔刷"选深蓝色、橘红色平涂加深自行车。

步骤04 新建"正片叠底模式"图层，用"干水彩笔刷"选浅灰紫色加深车篮投影，浅灰黄色加深车架投影。

步骤05 在下方新建图层，用"干水彩笔刷"选浅黄棕色平涂树干底色，将图层多复制几份合并，用"涂抹工具"过渡顶部，"阿尔法锁定"合并图层并填充白色实底，把底色"剪辑蒙版"到白底。

步骤06 用"湿海绵笔刷"选橘粉色和浅蓝色晕染枝干暗面。

步骤07 新建"正片叠底模式"图层"剪辑蒙版",用"软湿边笔刷"选棕色平涂加深枝干暗面,颜色浅的区域可降低笔刷透明度上色。

步骤08 用"涂抹工具"过渡部分边缘,"阿尔法锁定"图层,用"湿海绵笔刷"混入橘黄色和绿色,丰富色调。

步骤09 新建"正片叠底模式"图层"剪辑蒙版",用"软湿边笔刷"选红棕色、深棕色继续加深树干,再用"涂抹工具"过渡部分边缘。记得多保留笔触,增加树干表皮干枯质感。

步骤10 在所有图层上方单独新建图层，用"浓湿边笔刷"选绿色平涂出绿叶，选土黄色平涂干枯树叶和枝干，用"涂抹工具"过渡上方树叶边缘，"阿尔法锁定"图层，用"湿海绵笔刷"选嫩绿色晕染亮面。

步骤11 新建"正片叠底模式"图层，用"干水彩笔刷"选绿色加深叶子暗面，橘黄色平涂刹车线。在最下边新建图层，用"浓湿边笔刷"选灰紫色平涂地面投影。

步骤12 用"涂抹工具"过渡投影部分边缘，"阿尔法锁定"图层，用"湿海绵笔刷"吸取树干和自行车颜色，晕染丰富投影环境色，注意左边亮面用暖色，暗面用冷色。

步骤13 在"线稿图层"下方新建图层，用"白墨笔刷"选白色，给自行车和树干加上高光，再用"小墨点笔刷"涂一些白点增加质感，这样整体就绘制完成了。

10.4 邮筒

阳光正好的午后，去了上海浪漫的甜爱路，漂亮的光斑洒满了一条街的墙面，路过一家"甜爱咖啡馆"门口，看到了这个红色爱心邮筒，上面写满了各种浪漫的话语，很特别。

素材图

扫码观看视频

案例图

【线稿颜色】 ⬤
【案例用色参考】

10.4.1 邮筒草图

【草图重点】

这是从正面拍的,所以看不到邮筒顶部,邮筒呈圆形,绘制的时候需要注意弧度。

【草图步骤】

步骤01 打开"绘图指引"的"网格"功能,调到合适大小。在"草图图层"用"铅笔笔刷"选黑色绘制草图。用直线简单地刻画出邮筒中间,接着把盖子和底座都刻画出来,邮筒中间的装饰口都是稍微朝左的。

步骤02 邮筒绘制完成后再用直线刻画出地面的宽度，椅子用简单的弧线勾勒出来，再给椅子上加上一个带有爱心的信封，增加浪漫氛围。草图完成后关掉"网格"。

10.4.2 邮筒线稿

步骤01 将"草图图层"不透明度降低，"线稿图层"模式改为"正片叠底"。

步骤02 在"线稿图层"用"钢笔笔刷"选色卡里的棕色来绘制线稿。先刻画邮筒，线条尽量直些，接着再把椅子和地面刻画出来。线稿完成后需隐藏"草图图层"。

10.4.3 邮筒上色

【上色重点】

为了让邮筒整体看起来更浪漫些，邮筒和椅子的颜色会浅些、偏暖些。这次上色还利用图层的"添加模式"，来晕染出午后的光影效果，也是这个案例的上色重点。

【上色步骤】

步骤01 在"线稿图层"下方新建图层，用"干水彩笔刷"选红色平涂邮筒底色，将底色图层多复制几份合并，"阿尔法锁定"图层，填充白色实底，再把底色"剪辑蒙版"到白底。

步骤02 用"湿海绵笔刷"选橘红色和浅黄色晕染右边亮面，选玫粉色和浅蓝色晕染左边暗面。

步骤03 新建"正片叠底模式"图层
"剪辑蒙版",用"软湿边笔刷"选浅点的
红色加深邮筒暗面,再用浅粉色加强邮筒明
暗交界线,用"涂抹工具"过渡边缘。

步骤04 新建"正片叠底模式"图层
"剪辑蒙版",用"软湿边笔刷"选深红
色,平涂加深邮筒暗面,再用"涂抹工具"
过渡边缘,增加立体感。

步骤05 新建图层,用"手绘"选取工具将邮筒黑色底座选取并填充白色实底,新建
图层"剪辑蒙版",用"干水彩笔刷"选深灰蓝色平涂底色,颜色不够深,所以把底色复制
一份加深。

步骤06　新建图层"剪辑蒙版"，用"湿海绵笔刷"选紫色晕染暗面，用"软湿边笔刷"选深灰蓝色加深邮筒，再用"涂抹工具"过渡边缘。

步骤07　新建"正片叠底模式"图层"剪辑蒙版"，用"软湿边笔刷"选深蓝色加深边缘暗面。

步骤08　在邮筒下方新建图层，用"手绘"选取工具将邮筒白色区域选取并填充白底，新建图层"剪辑蒙版"，用"干水彩笔刷"选灰蓝色平涂暗面，用"涂抹工具"过渡部分边缘。

步骤09　新建图层，用"手绘"选取工具将椅子选取出来并填充白色实底，新建图层

"剪辑蒙版",用"干水彩笔刷"选土黄色平涂椅子。

步骤10 用"湿海绵笔刷"选橘黄色和蓝色晕染椅子,再新建"正片叠底模式"图层
"剪辑蒙版",用"软湿边笔刷"选浅黄色加深出投影,降低笔刷透明度表现出木板纹理。

步骤11 新建图层,用"干水彩笔刷"选深棕色平涂椅子腿,再新建"正片叠底模式"图层,将椅子腿左边暗面加深。

步骤12 新建图层,用"干水彩笔刷"选粉色和红色平涂信封和花瓣,"阿尔法锁定"图层,在暗面混入一点浅蓝色。再新建"正片叠底模式"图层用粉色加深信封投影。

步骤13 在最下方新建图层，用"矩形"选取工具将背景框选并填充白色实底，新建图层"剪辑蒙版"到背景白底。

步骤14 用"干水彩笔刷"选灰蓝色和土黄色，平涂背景和地面。再用"涂抹工具"过渡边缘，用"湿海绵笔刷"选粉色和黄色晕染背景。

步骤15 新建"正片叠底模式"图层"剪辑蒙版",用"软湿边笔刷"选深灰蓝色加深墙面,选黄灰色加深地面,用"涂抹工具"过渡部分边缘。

步骤16 在邮筒上方新建"正片叠底模式"图层,用"干水彩笔刷"选深灰蓝色平涂出椅子和邮筒的投影,选红色加上爱心和字,用"涂抹工具"过渡右边椅子投影,"阿尔法锁定"图层,用"湿海绵笔刷"混入一些邮筒和椅子的环境色。

步骤17 在"线稿图层"下方新建图层，用"白墨笔刷"选白色，平涂出整体的高光，用"小墨点笔刷"涂一些白点增加质感。

步骤18 新建"添加模式图层"，用"压力水彩笔刷"选浅黄色平涂出光斑，用"涂抹工具"过渡部分边缘，注意光斑要有大有小，颜色随用笔力度会呈现深浅变化。至此，完成邮筒绘制。

第11章

暖系淡彩日式小店建筑

11.1　午后小酒馆

午后的阳光，一缕缕
地洒在街边的小酒馆上，
安静温馨。

上海·Wootah Bistrot

扫码观看视频

【线稿颜色】

【案例用色参考】

11.1.1　午后小酒馆草图

【草图笔刷】

【草图重点】

　　为了丰富画面构图，在门口增加了三个盆栽，灯也挪到了玻璃边上。四面玻璃的比例大
小都是一样的，且镶嵌在墙面。

【草图步骤】

步骤01 打开"绘图指引"的"网格"功能，调到合适大小。在"草图图层"用"铅笔笔刷"选黑色绘制草图。用直线刻画矩形，将酒馆整体轮廓概括出来。

步骤02 用直线刻画矩形，把玻璃门框都刻画出来，用弧线刻画店里物件、盆栽、条纹和菜单。草图完成后关掉"网格"。

11.1.2 午后小酒馆线稿

【线稿笔刷】

【线稿步骤】

步骤01 将"草图图层"不透明度降低至合适（根据个人习惯适当降低即可，一般在30%左右），"线稿图层"模式改为"正片叠底"。

步骤02 在"线稿图层"用"钢笔笔刷"选色卡里的棕色来绘制线稿。先将小店大轮廓刻画出来，建筑的线条尽量直些，门口的盆栽品种都不一样，线条也要有区别。线稿完成后需隐藏"草图图层"。

11.1.3 午后小酒馆上色

【上色笔刷】

【涂抹工具+笔刷】

【橡皮工具+笔刷】

【图层用到功能】

【常用综合色卡】

【上色重点】

　　墙面虽然是白色的，但是不能没有颜色，适当混入一些环境色，可以使整体色调更丰富、更美观。也用到"添加模式"图层给整体加上午后的阳光。

【上色步骤】

　　步骤01 在"线稿图层"下方新建六个图层，用"手绘"选取工具将墙面、屋顶、门框、玻璃、盆栽、菜单选取出来，填充白色实底，注意白底的排序，不能被挡住。方便后续用"剪辑蒙版"上色，使颜色涂不出去（若iPad图层数不够多，可不用做白底，仔细平涂上色也可以）。

步骤02 新建图层"剪辑蒙版"到盆栽白底，用"干水彩笔刷"选绿色平涂植物，用"浓湿边笔刷"选棕色和灰蓝色平涂花盆。"阿尔法锁定"图层，用"湿海绵笔刷"在盆栽暗面混入蓝绿色，亮面混入黄绿色。

步骤03 新建"正片叠底模式"图层，用"软湿边笔刷"选深点的绿加深叶子，深棕色加深枝干和土，吸取花盆的颜色加深花盆暗面。

步骤04 新建一个图层并"剪辑蒙版"到菜单白底，用"干水彩笔刷"选灰蓝色平涂底，再新建"正片叠底模式"图层，用"湿海绵笔刷"选紫色和浅蓝色晕染加深。新建一个图层用"白墨笔刷"选白色写出菜单。

步骤05 新建一个图层并"剪辑蒙版"到窗户白底，用"干水彩笔刷"选土黄色平涂。再新建"正片叠底模式"图层"剪辑蒙版"，用"湿海绵笔刷"选粉色晕染加深暗面。

步骤06 新建"正片叠底模式"图层"剪辑蒙版"，用"干水彩笔刷"选橘黄色加深门框暗面，主要是门框缝隙和厚度区域。

步骤07 新建一个图层并"剪辑蒙版"到玻璃白底，用"干水彩笔刷"将里面的摆件都平涂出来。椅子虽然是黑的，但用深灰蓝色涂显得更和谐。

步骤08 新建一个图层并使用"剪辑蒙版",用"干水彩笔刷"选灰紫色和灰蓝色平涂墙面、地面和门帘,用"涂抹工具"过渡边缘,再新建"正片叠底模式"图层"剪辑蒙版",选灰紫色加深暗面。

步骤09 新建"正片叠底模式"图层使用"剪辑蒙版",用"干水彩笔刷"选浅灰蓝色平涂玻璃和门帘褶皱,用"湿海绵笔刷"选浅黄色晕染墙面,使它有透光感。

步骤10 新建"正片叠底模式"图层"剪辑蒙版",用"湿海绵笔刷"选紫色晕染加深上部暗面,用"干水彩笔刷"将边框在玻璃上的投影平涂出来。

步骤11 新建图层"剪辑蒙版"到屋顶白底，用"干水彩笔刷"选蓝色仔细平涂条纹图案，"阿尔法锁定"图层，用"湿海绵笔刷"在右边亮面混入浅粉色。

步骤12 将条纹复制一份，模式改为"正片叠底"，用"橡皮擦"选"湿海绵笔刷"擦掉亮面，选紫色晕染，解锁图层，再用"干水彩笔刷"选灰蓝色，将整体投影加深。

步骤13 新建图层，用"干水彩笔刷"选浅黄色和灰蓝色平涂灯，选深蓝色将英文平涂上色，新建"正片叠底模式"图层，用同样的颜色加深暗面。

步骤14 新建图层"剪辑蒙版"到墙面白底，用"干水彩笔刷"选灰蓝色平涂凹陷厚度，用"湿海绵笔刷"选灰紫色和粉色晕染墙面。

步骤15 新建"正片叠底模式"图层"剪辑蒙版",用"干水彩笔刷"选灰紫色加深墙面投影。用"湿海绵笔刷"在屋顶投影混入一些灰蓝色,在最下方新建图层,用"干水彩笔刷"选灰蓝色平涂盆栽地面投影。

步骤16 在"线稿图层"下方新建图层,用"白墨笔刷"选白色将整体加上高光,再用"小墨点笔刷"涂一些白点,丰富质感。

步骤17 新建"添加模式图层",用"压力水彩笔刷"选浅黄色,给整体加上光斑,绘制完成。

11.2　少女杂货铺

这是位于上海重庆南路上的一家杂货店，少女心满满的风格，很可爱。店铺后面的砖纹墙面也很漂亮。

素材图

上海 "pilipala"

案例图

【线稿颜色】⬤

【案例用色参考】

11.2.1　少女杂货铺草图

【草图重点】

为了让构图更和谐，所以增加了两个盆栽装饰，盆栽的造型不一样。

【草图步骤】

步骤01 打开"绘图指引"的"网格"功能，调到合适大小。在"草图图层"用"铅笔笔刷"选黑色绘制草图。用直线刻画出几何图形，将店铺的大轮廓和结构表现出来。

步骤02 用弧线将整体的细节都加上，细致刻画造型。

11.2.2 少女杂货铺线稿

步骤01 将"草图图层"不透明度降低，"线稿图层"模式改为"正片叠底"。

步骤02 在"线稿图层"用"钢笔笔刷"选色卡里的棕色来绘制线稿。先将店铺大轮廓线条刻画出来，线条要干净，窗帘的褶皱不明显，绘制的时候可以用短虚线表现。线稿完成后需隐藏"草图图层"。

11.2.3 少女杂货铺上色

【上色重点】

砖纹虽然看着很多且复杂，其实只需画两排，再用复制功能将砖纹图案复制铺满墙面，这样简单、快捷。

【上色步骤】

步骤01 在"线稿图层"下方新建两个图层,用"手绘"选取工具将窗户和招牌选取出来并填充白色实底,方便后续用"剪辑蒙版"功能上色,使颜色涂不出去。

步骤02 新建图层"剪辑蒙版"到窗户白底,用"干水彩笔刷"选不同的颜色将窗户都平涂出来。

步骤03 新建"正片叠底模式"图层,用"软湿边笔刷"吸取底色,将整体暗面加深。

步骤04 新建图层"剪辑蒙版"，用"浓湿边笔刷"选灰蓝色平涂出玻璃区域，用"湿海绵笔刷"选浅蓝色和浅粉紫色晕染。

步骤05 将图层复制一份，模式改为"正片叠底"加深玻璃颜色，用"湿海绵笔刷"选浅蓝色提亮，选粉色和紫色晕染混色。

步骤06 新建图层"剪辑蒙版"，用"干水彩笔刷"选白色平涂窗上的贴纸底色，再用粉色、黄色和绿色上色。

步骤07 新建"正片叠底模式"图层"剪辑蒙版"，用"干水彩笔刷"吸取玻璃颜色，将投影都晕染出来，再选紫色平涂招牌在窗户上的投影，"阿尔法锁定"图层，用"湿海绵笔刷"混入一点灰蓝色，注意光是从左上方来的。

步骤08 新建图层"剪辑蒙版"到招牌白底，用"湿海绵笔刷"选灰色、浅黄色、粉紫色浅浅晕染。再新建"正片叠底模式"图层，用"软湿边笔刷"选浅灰蓝色加深招牌暗面。

步骤09 用"涂抹工具"过渡色块边缘，再用小笔触表现出质感。

步骤10 用"手绘"选取工具将上边空调选取并填充白色实底。新建图层"剪辑蒙版"，用"湿海绵笔刷"选粉色、浅黄色、灰蓝色晕染。再新建"正片叠底模式"图层，用"软湿边笔刷"选灰蓝色、灰紫色加深暗面，用"涂抹工具"过渡边缘。

步骤11 新建图层，用"白墨笔刷"选白色平涂出木框，"阿尔法锁定"图层，用"干水彩笔刷"选浅棕色平涂底，再新建"正片叠底模式"图层加深木框暗面和纹理。

步骤12 用"手绘"选取工具将盆栽选取并填充白色实底，新建图层"剪辑蒙版"，用"干水彩笔"选嫩绿色和蓝绿色平涂植物，选棕色和红棕色平涂花盆。再用"湿海绵笔刷"给植物亮面混入黄绿色。

步骤13 新建"正片叠底模式"图层，吸取盆栽底色加深整体暗面。

步骤14 在下方新建两个图层，用"手绘"选取工具将落地空调和墙面选取并填充白色实底。将"绘图指引"的"网格"打开，尺寸调为57px。

步骤15　新建图层"剪辑蒙版"到墙面白底，用"干水彩笔刷"选橘黄色，用网格辅助，整齐平涂出长方形的砖块，上下两排砖缝需错开，完成后关掉"网格"。

步骤16　将砖块图案图层复制挪动并摆好合并，"阿尔法锁定"图层，用"干水彩笔刷"选浅粉色、浅黄色、砖红色平涂丰富色调，再将图层复制两份移动，将砖纹铺满墙面。

步骤17　新建图层"剪辑蒙版"到空调白底，用"湿海绵笔刷"选灰蓝色和粉色晕染空调，再用"干水彩笔刷"选灰蓝色和灰紫色平涂空调，绿色平涂门牌。

步骤18　新建"正片叠底模式"图层"剪辑蒙版"，用"软湿边笔刷"选深灰蓝色和绿色加深空调以及门牌。再新建图层用"白墨笔刷"选白色，将门牌号和空调罩网涂出来，

选深蓝色和玫粉色涂出空调图案。

步骤19 在下方新建图层，用"干水彩笔刷"选灰蓝色平涂地面和墙边缘。新建"正片叠底模式"图层，用"干水彩笔刷"选灰紫色加深，再用"湿海绵笔刷"选粉色晕染加深。

步骤20 在上方新建"正片叠底模式"图层，用"干水彩笔刷"选深灰蓝色加深地面投影，选深灰紫色加深墙面投影。

步骤21 在"线稿图层"下方新建图层，用"白墨笔刷"选绿色、粉色和橘黄色将店铺名字涂出来，再选白色将整体高光都加上，用"小墨点笔刷"涂一些白点增加质感，整体就绘制完成了。

11.3　日式美甲店

素材图

扫码观看视频

上海·SUMEI·日式美睫美甲

在上海永嘉路街边
看到的一家日式美甲店，
蓝色风格的门店，在这条
街上很醒目。

【线稿颜色】⚫

【案例用色参考】

案例图

11.3.1　日式美甲店草图

【草图重点】

两层的店，一楼比二楼高些，一般绘制两层建筑需要特别注意每层之间的宽高比例，为了让造型更美观，一楼的招牌形状角度可夸大些。

【草图步骤】

步骤01 打开"绘图指引"的"网格"功能，调到合适大小。在"草图图层"用"铅笔笔刷"选黑色绘制草图。

步骤02 先用直线将一楼店面画几何矩形概括出来，再刻画细节，接着用直线概括二楼宽高。

步骤03 二楼可加一些树叶丰富画面，注意，网格尺寸是241px，建筑整体宽度约7个格子，一楼包括招牌高约7个格子，二楼高约5个格子，一定要巧用网格辅助定位宽高。草图完成后关掉"网格"。

11.3.2 日式美甲店线稿

步骤01 将"草图图层"不透明度降低,"线稿图层"模式改为"正片叠底"。

步骤02 在"线稿图层"用"钢笔笔刷"选色卡里的棕色来绘制线稿。刻画楼层高的建筑,宽高线条一定要直。树叶比较复杂不规则,刻画的时候边缘起伏一定要有变化,看起来才自然。

11.3.3 日式美甲店上色

【上色重点】

实际店铺颜色是较深的,为了看起来清新些,画店铺的色调整体可以浅一点。前景树叶投影加在了墙面上,增加光照很足的感觉。

【上色步骤】

步骤01 在"线稿图层"下方新建三个图层,用"手绘"选取工具把建筑、招牌、绿植盆栽分别选取并填充白色实底，方便后续用"剪辑蒙版"功能上色，使颜色涂不出去。

步骤02 新建图层"剪辑蒙版"到绿植白底，用"干水彩笔刷"选不同的绿色平涂植物，"阿尔法锁定"图层，用"湿海绵笔刷"选黄绿色晕染亮面，蓝绿色晕染暗面，解锁图层用"干水彩笔刷"选土黄色、棕色、红棕色平涂花盆。

步骤03 新建"正片叠底模式"图层"剪辑蒙版"，用"软湿边笔刷"选和植物一样的绿色，平涂加深植物暗面，吸取花盆底色加深花盆暗面，注意光是从右上方来的。

步骤04　新建图层"剪辑蒙版"到招牌白底，用"干水彩笔刷"选蓝色和深蓝色平涂，再用"湿海绵笔刷"选浅蓝色和浅紫色晕染混色。

步骤05　新建"正片叠底模式"图层"剪辑蒙版"，用"软湿边笔刷"选浅蓝色，将上边招牌的条纹涂出来，再用"干水彩笔刷"继续选蓝色将两个招牌暗面加深。

步骤06　新建图层，用"白墨笔刷"选白色将店名涂出来，用"干水彩笔刷"选深蓝色和浅灰蓝色将装饰灯都涂出来。

步骤07　新建图层"剪辑蒙版"到建筑白底，用"干水彩笔刷"选蓝色平涂一楼蓝色墙面，"阿尔法锁定"图层，用"湿海绵笔刷"在暗面混入浅紫色，亮面混入浅黄色。

步骤08 新建图层"剪辑蒙版",用"干水彩笔刷"选蓝色和深灰蓝色,平涂门、灯、展示牌,选浅黄色和米色平涂其他小物件。"阿尔法锁定"图层,用"湿海绵笔刷"选橘黄色和浅蓝色晕染窗帘暗面。

步骤09 新建"正片叠底模式"图层"剪辑蒙版",用"干水彩笔刷"选红色和浅蓝色平涂门的装饰,再吸取门的底色加深暗面,选灰一点的蓝色加深墙面投影。

步骤10 新建"正片叠底模式"图层"剪辑蒙版",用"干水彩笔刷"选浅灰蓝色平涂一楼暗面和玻璃,用"湿海绵笔刷"选紫色晕染混色。

步骤11 新建"正片叠底模式"图层"剪辑蒙版",用"干水彩笔刷"选灰紫色平涂加深暗面,用"涂抹工具"过渡边缘。

步骤12　新建图层"剪辑蒙版"，用"压力水彩笔刷"选浅黄色将灯光晕染出来。

步骤13　新建图层"剪辑蒙版"，用"湿海绵笔刷"选浅蓝色、浅黄色、浅紫色和浅粉色晕染二楼墙面。

步骤14　新建图层"剪辑蒙版"，用"干水彩笔刷"选灰蓝色和红棕色，给玻璃和装饰上色。"阿尔法锁定"图层，用"湿海绵笔刷"给玻璃混入蓝色，丰富色调。

步骤15　新建"正片叠底模式"图层，用"干水彩笔刷"选浅灰蓝色将二楼和一楼的投影平涂出来，用"涂抹工具"过渡窗户投影边缘。"阿尔法锁定"图层，用"湿海绵笔刷"在二楼招牌投影混入一点蓝色。

步骤16 新建"正片叠底模式"图层,用"浓湿边笔刷"选浅灰蓝色,将树叶投影以及一楼招牌投影都平涂出来。

步骤17 在所有图层最下方新建图层,用"干水彩笔刷"选浅黄色平涂台阶,新建"正片叠底模式"图层,选灰蓝色加深台阶暗面。"阿尔法锁定"图层,用"湿海绵笔刷"选粉色晕染。

步骤18 在"线稿图层"下方新建"添加模式图层",用"压力水彩笔刷"选浅黄色把一楼灯光加强。

步骤19 新建图层,用"白墨笔刷"选白色给整体加上高光,再用"小墨点笔刷"涂一些白点增加质感。至此,日式美甲店绘制完成了。

11.4　街角咖啡店

这是在上海新乐路转角的一家咖啡店，绿色的落地窗装修风格，很特别。

素材图

上海·PARAS

案例图

【线稿颜色】 ●

【案例用色参考】

11.4.1　街角咖啡店草图

【草图重点】

　　路边有灯挡住了咖啡店，绘制的时候可以把灯去掉，着重刻画建筑。右边的门是倾斜的，有着透视效果，需要注意倾斜角度。

【草图步骤】

步骤01 打开"绘图指引"的"网格"功能，调到合适大小。在"草图图层"用"铅笔笔刷"选黑色绘制草图。用直线刻画矩形，把整体大轮廓和透视效果都概括出来。

步骤02 继续刻画门窗，注意空调和水管的细节，尽量仔细些。

步骤03 选红色将树叶、条纹和名字都加上。草图完成后关掉"网格"。

11.4.2 街角咖啡店线稿

步骤01 将"草图图层"不透明度降低，"线稿图层"模式改为"正片叠底"。

步骤02 在"线稿图层"用"钢笔笔刷"选色卡里的棕色来绘制线稿。先把整体大轮廓用直线刻画出来，再把各种细节丰富，墙面可以用些小笔触增加质感。线稿完成后需隐藏"草图图层"。

11.4.3 街角咖啡店上色

【上色重点】

　　因为透视原因，光源主要从右边来，所以右边墙为亮面颜色浅，左边墙为暗面颜色深。上色的时候需注意处理颜色深浅变化。

【上色步骤】

　　步骤01　在"线稿图层"下方新建图层，用"干水彩笔刷"选绿色平涂树叶底色，将树叶图层复制几份并进行合并，"阿尔法锁定"图层，填充实色白底。将树叶"剪辑蒙版"到白底，用"湿海绵笔刷"选蓝绿色晕染叶子暗面。再新建"正片叠底模式"图层"剪辑蒙版"，用"软湿边笔刷"吸取叶子底色加深暗面，再选更深一点的绿色点缀加深。

步骤02 在下方新建一个图层，用"手绘"选取工具将门帘和招牌选取并填充白色实底。新建图层"剪辑蒙版"，用"干水彩笔刷"选黄色、绿色、灰蓝色、深蓝色平涂上色。

步骤03 新建"正片叠底模式"图层"剪辑蒙版"，用"干水彩笔刷"选浅灰蓝色、灰紫色、灰绿色、棕色加深暗面。

步骤04 新建一个图层，用"手绘"选取工具将墙上装饰的箱子选取并填充白色实底，新建一个图层使用"剪辑蒙版"，用"干水彩笔刷"简单平涂底色，再新建"正片叠底

模式"图层"剪辑蒙版"，吸取底色加深暗面。

步骤05 新建图层，用"手绘"选取工具将门窗选取并填充白色实底，新建图层"剪辑蒙版"，用"干水彩笔刷"将门窗的细节都平涂上色。再新建"正片叠底模式"图层，用"干水彩笔刷"选一样的颜色加深暗面。

步骤06　新建图层，用"手绘"选取工具将整休玻璃选取并填充白色实底，改为"正片叠底模式"图层，新建图层"剪辑蒙版"，用"干水彩笔刷"选浅灰蓝色，仔细平涂玻璃窗户。

步骤07　复制一份，用"湿海绵笔刷"选蓝色、紫色晕染加深暗面，浅黄色晕染提亮。

步骤08 新建图层，用"手绘"选取工具将空调、水管、电线选取并填充白色实底，新建图层"剪辑蒙版"，用"干水彩笔刷"选灰蓝色、蓝色、深紫色平涂。用"湿海绵笔刷"选粉色和浅黄色晕染空调。再新建"正片叠底模式"图层选一样的颜色加深暗面。

步骤09 在下方新建图层，用"手绘"选取工具将墙面选取出来并填充白色实底，新建图层"剪辑蒙版"，用"干水彩笔刷"选浅黄色平涂左边墙面底色。

步骤10 将墙面底色复制一份，用"橡皮擦"选"湿海绵笔刷"，将靠右墙面擦浅一点，再用"湿海绵笔刷"选粉色晕染边角，再用深点的浅黄色晕染加深。

步骤11 新建图层"剪辑蒙版"，用"干水彩笔刷"选淡黄色平涂右边亮面墙面。

步骤12 新建"正片叠底模式"图层，用"干水彩笔刷"选黄色把墙面投影画出来，选棕色加深墙角，深蓝色平涂其他细节。

步骤13 在下方新建图层，选灰蓝色将地面涂出来，"阿尔法锁定"图层，用"湿海绵笔刷"选灰紫色晕染暗面，选白色提亮右边。

步骤14 在上方新建"正片叠底模式"图层，用"干水彩笔刷"选灰紫色，给黄色帘子和树叶加上投影。

步骤15 新建图层，用"湿海绵笔刷"选粉色晕染门口的霓虹灯。再新建"添加模式图层"，用"白墨笔刷"选白色将英文写出来，再用"压力水彩笔刷"选黄色给整体加上光影。

步骤16 新建图层，用"白墨笔刷"选白色，给整体加上高光，特别是玻璃位置，再用"小墨点笔刷"将整体涂些白点增加质感，完成绘制。

11.2 日式茶泡饭店

素材图

上海·白日清澄

这是在上海豫园路上的一家美食店，设计风格像日系漫画里的，店门口的手绘菜单很可爱，美食茶泡饭丰盛，味道鲜美，在秋冬来一碗暖呼呼的。

案例图

【线稿颜色】
【案例用色参考】

11.2.1 日式茶泡饭店草图

【草图重点】

店铺是稍微往墙里凹陷的，所以要注意处理好往里延伸的透视效果。门口的装饰较多且丰富，草图尽量绘制仔细些，方便后续绘制线稿。

【草图步骤】

步骤01 打开"绘图指引"的"网格"功能，调到合适大小。在"草图图层"用"铅笔笔刷"选黑色绘制草图。先用直线刻画矩形，简单概括出结构，再把边框粗细都表现出来。

步骤02 选红色，将店铺的各种细节都加上，丰富整体。草图完成后关掉"网格"。

11.5.2　日式茶泡饭店线稿

步骤01　将"草图图层"不透明度降低，"线稿图层"模式改为"正片叠底"。

步骤02　在"线稿图层"用"钢笔笔刷"选色卡里的棕色来绘制线稿。线条尽量刻画直些，先画大框架，再刻画细节，线稿完成后需隐藏"草图图层"。

11.5.3　日式茶泡饭店上色

【上色重点】

　　店铺整体都是木质的，绘制的时候需要着重刻画木质纹路。为了让店铺看起来更温暖，整体色调需更亮些，光也要着重刻画。

【上色步骤】

步骤01　在"线稿图层"下方新建图层，用"干水彩笔刷"选橘棕色、土黄色、深蓝色平涂展示牌边框，选深灰蓝色平涂板面，再用"湿海绵笔刷"选紫色晕染板面。

步骤02 新建"正片叠底模式"图层，用"干水彩笔刷"吸取展示牌底色，将暗面加深。

步骤03 新建图层，用"干水彩笔刷"将后边的摆件简单平涂。再新建"正片叠底模式"图层，吸取摆件颜色加深暗面。

步骤04 新建图层，用"干水彩笔刷"选橄榄绿色平涂上面的布，淡黄色平涂菜单细节。"阿尔法锁定"图层，用"湿海绵笔刷"选浅蓝色晕染布的暗面。

步骤05 新建图层，用"干水彩笔刷"选黄棕色平涂木门，用"湿海绵笔刷"选浅黄色提亮左边，选红棕色和浅蓝色晕染右边的暗面。

步骤06 新建"正片叠底模式"图层，用"干水彩笔刷"选橘黄色加深木门暗面，再用"软湿边笔刷"吸取木门颜色，将木头的纹路用细长笔触涂出来。

步骤07 新建"正片叠底模式"图层，用"干水彩笔刷"选深棕色平涂门把手，再用红棕色平涂加深木门暗面细节，特别是门口桌子部分着重加深。

步骤08 新建图层，用"手绘"选取工具将玻璃框选出来并填充白色实底，新建图层"剪辑蒙版"，用"干水彩笔刷"选深点的米黄色平涂玻璃，再用"湿海绵笔刷"选浅黄色和浅蓝色晕染混色。

步骤09 新建"正片叠底模式"图层"剪辑蒙版"，用"湿海绵笔刷"选橘黄色晕染加深玻璃边缘暗面，用"干水彩笔刷"选浅橘黄色平涂柜子，再用"涂抹工具"过渡边缘。

步骤10 新建图层"剪辑蒙版"，用"干水彩笔刷"将店里面的物件都平涂上色。

步骤11 新建"添加模式"图层"剪辑蒙版"，用"压力水彩笔刷"选亮黄色将灯光加上，亮的光用笔力度可以大，浅的光用笔力度小。

步骤12 新建"正片叠底模式"图层"剪辑蒙版"，用"干水彩笔刷"选灰紫色和灰蓝色平涂加深玻璃暗面，用"涂抹工具"过渡，使边缘柔和，再用浅棕色平涂边框投影。

步骤13 新建图层，用"干水彩笔刷"选红色平涂左边的灯，用"湿海绵笔刷"选黄色晕染灯光，"阿尔法锁定"图层，再将灯罩亮面混入橘黄色。

步骤14 继续新建"正片叠底模式"图层，用"干水彩笔刷"选灰蓝色、橄榄绿色加深灯和布的投影。

步骤15 在最下方新建图层，用"矩形"选取工具将墙面框选出来并填充白色实底，新建图层"剪辑蒙版"，用"湿海绵笔刷"选浅黄色、粉色和橘黄色晕染墙面背景。

图层40   N

图层38   N

步骤16 新建图层"剪辑蒙版"，用"干水彩笔刷"选灰蓝色平涂地面，用"湿海绵笔刷"选浅蓝色、浅紫色和浅黄色晕染地面，注意浅黄色是用来晕染左边的灯光。

步骤17 再新建"正片叠底模式"图层，用"干水彩笔刷"选灰紫色将门和摆件的投影加上。

步骤18 在"线稿图层"下方新建图层，用"白墨笔刷"将墙面和地面展示牌的字和菜单图案都加上。

步骤19 新建图层，用"白墨笔刷"选白色将整体的高光都加上，再用"小墨点笔刷"涂些白点增加质感，完成绘制。